TAKEAWAY FOOD PACKAGING

外卖食品包装

（墨）伊薇特·阿扎特·戈麦斯

(Yvett Arzate Gómez) / 编

贺艳飞 / 译

TAKEAWAY FOOD PACKAGING

外卖食品包装

广西师范大学出版社

· 桂林 ·

images
Publishing

Contents
目 录

外卖食品包装设计综述

（墨）伊薇特·阿扎特·戈麦斯

伊薇特·阿扎特·戈麦斯出生于墨西哥。她曾就读于蒙特雷大学（UDEM）平面设计专业，并以优异的成绩完成学业。伊薇特曾是一名自由设计师，一直为自主品牌设计项目，随着经验的积累创立了自己的工作室——Nomada 设计工作室，继续为自主跨国企业和知名品牌设计一系列的项目。伊薇特曾设计了多个食品包装项目，包括外卖食品包装，甚至冷冻食品包装等。她的创意设计被发表在多家书籍报刊及网站上。

外卖食品包装的影响力正在逐年壮大。包装作为平面设计的一个重要分支，其核心是吸引潜在顾客的注意并使品牌具有辨识度。包装设计对产品的销售具有重要的影响，因为它不仅能够向顾客传递信息，还能激发感情，引发回应，表达情绪，甚至满足顾客的特定需求。如今我们生活在一个消费世界里，顾客会因为产品包装而引以为傲，成为他们表达自我的一种手段。好的包装具有吸引力，能够以其创造力给顾客留下深刻的印象，特别是能够创造一种积极的消费体验。以 Whole Foods Market 的纸袋为例，携带这个袋子的顾客就在告诉世界，他们喜欢吃健康的食品，他们支持有机食品运动，他们关心人类赖以生存的地球。

说到食品包装，事实一次又一次证明了，包装所采用的颜色和材料能够影响顾客的味觉，因此包装本身也成为了众多精明的公司展示自身产品独特之处的巧妙方式。此外，它也提供给公司一个与顾客交流的绝佳机会。如果处理得好，包装可以成为强大的市场营销工具，能够让品牌在短时间内享誉世界。

随着时间的推移，外卖食品包装设计变得愈发重要，包装除了其保护作用外，还具有许多其他的重要功能。食品包装是品牌价值的重要组成部分，它必须随着顾客的需求、爱好风格、购买意愿的转变而进行适当调整。包装还在产品辨识方面扮演着重要角色，在这个共享的社交媒体时代，包装如今更显重要。总体看来，包装所用的材料、包装的可回收性以及功能性都是吸引顾客购买产品的重要考虑因素，因为没有任何广告媒介能比包装更加接近顾客——包装实际上就在顾客的手中。在现代社会，这种直接性对外卖食品包装的设计产生了多方面的影响。

外卖食品包装语言

包装是品牌形象的一个基本部分。包装能够更加容易的接近顾客，因此包装也成为了街头广告的一种形式。设计元素的组合超越了语言障碍，并对市场进行了细分，能够传达一种直观信息。

食品包装一开始只是利用树叶或兽皮制作成能够用于安全运送并妥善保存食品的容器，如今已经成为推广品牌和表达公司文化的主要工具。如果外卖食品包装设计做得好，不仅能极大地提升产品形象，而且还能改善顾客对品牌和延伸服务的认知。

在今天这个高速发展的社会，想要找到充足的时间坐下来享受生活变得日渐困难。人们不再有时间悠闲地散步、在餐厅享受美食、花很长时间仅仅坐下来喝杯咖啡，这种现象在大都市里表现得尤为明显，在那里，每时每刻都有人急急忙忙地赶往下一个地方。这也是为什么消费者变得越来越挑剔，越来越关心他们究竟把自己的时间和金钱花在哪里的主要原因之一。此外，随着人们不断意识到自己忙于在各个城市的不同地方之间辗转，忙着赴约、参加工作会议和社交活动，食品外卖顺理成章地成为了一种自然而然的、实用的和受欢迎的解决方法，人们可以带着自己喜爱的食品去任何地方用餐。

外卖食品是世界各地食品零售商出售的主要商品类型之一。为了紧追日新月异的发展潮流，许多餐厅和食品商店开始正式引进外卖食品的配送系统，因此，品牌更多地受到人们的关注，而包装也成为了顾客做出购买决定的潜在区别因素。换句话说，良好的、吸引人的包装更易让顾客最终做出购买产品的决定。

值得注意的是，外卖食品包装与容器是不可分离的，没有合适的容器来安全地储存或运输其容纳的产品，包装也就不可能存在。之前，外卖食品容器是用泡沫聚苯乙烯或塑料制成的，但如今随着外卖食品行业迎来了繁荣时期，外卖食品包装设计逐渐形成了一种新概念，那就是结合全新的材料、精致的设计和多功能的用途将外卖包装提升到一个全新的级别。

本书根据包装的外形将外卖食品包装分成以下几个类别：

组合包装

这是一种两个或多个产品分别包装并可协调运作的包装类型。分别包装好的产品可以被装进整个的包装中，比如可以盛装饮品、主菜和甜品的便当盒或是组合包装作为整体平面标识的一部分，可以是器皿、容器、盒子、袋子、定制专用包装等。

盒式包装

盒子因其多功能性而成为包装设计中使用最多的形式。可以用于盒子制作的材料和样式多种多样，其中最为常用的材料是卡纸，因为这种材料方便印刷并可适应多种不同的需求，普通快餐店或是高级餐厅均可使用这种材料制成的包装。

桶式包装

这是一种耐液性良好的包装类型，可以用来盛装任何类型的食品，特别适用于盛装饮品或汤羹。

袋式包装

可以使用包装纸、卡纸、布料或塑料等材料制作袋式包装。这种类型的包装可以用来盛装具有防油或防潮特性的单个食品，因而通常被用来帮助消费者保存或运输已经购买的产品。

外卖食品容器被广为使用，如何推销产品才能给顾客留下更为深刻的印象？从设计层面来看，创造一种简洁的、与众不同的外卖食品包装能够让普通的产品给人以新鲜的感觉，而这也必然给顾客留下难以忘记的印象，使产品脱颖而出。此外，这也能够让潜在的顾客变成忠诚的粉丝，因为如今的人们需要的不仅仅是好的食品。他们还渴求一种满意的体验，一种能够表现出他们是谁以及他们信仰什么的态度，而好的包装恰恰能够满足这些需求。另外，在我们生活的社交媒体世界里，顾客不仅与他们每天接触的人们分享体验，还通过 Facebook、Instagram 或 Snapchat 等聊天工具与他人分享。

图 01 汉堡王万圣节包装

外卖食品包装是品牌如今能够提供的最好的名片之一。它能招徕新顾客、创造品牌可信度、提高老顾客的忠诚度，还能促进品牌业务发展。要获得这种效果，并不一定必须是庞大、昂贵的设计项目，也可利用几种简单的方式来创造令人难忘并且能培养顾客忠诚度的包装设计。

设计外卖食品包装需要考虑的重要因素之一便是顾客拿起包装、带走包装时的感觉。对许多顾客来说，某样商品的手感是否舒适会直接影响他们是否做出购买商品的最终决定。优质的设计看起来是那种能够令顾客一看就能认出的设计，即便他们也不知道为何如此。优质的设计能让顾客从潜意识中感觉到，他们做了一个不错的决定，这个决定能够影响他们对产品的评价，无论产品实际质量如何。设计师的工作便是向他们传达这样的信息：购买或消费某个特定产品是一件有积极意义的事情，并因此来提升顾客的信心。外卖食品包装的外观应能令人想起一个公司的品牌标识。品牌现有的颜色、图案和形状均应融入包装设计中，以帮助巩固顾客心中的品牌标识。此外，因为用餐是一种社交活动，如果有人将一个不同寻常的外卖盒放到桌子上，无论餐盒里面装的是什么，都不可避免地会吸引别人的注意，还可能吸引新顾客。那些看起来美味的包装纸或包装盒都能让潜在的顾客垂涎里面的食品。

受人欢迎的设计注重包装的简化和概述，因为顾客很容易被淹没在琳琅满目的商品中而变得不知所措。许多顾客喜欢简单明了的信息，因为这种信息更容易理解。因此，外卖食品包装的设计师需要关注传达的信息是否清晰，而不只是关注包装的基本样式，以此传达一种幸福感。外卖食品包装的设计中引入了本质主义，许多最佳包装的设计都清楚地展现了这种思想。它与设计师对项目任务的了解及与受众的交流过程息息相关。设计师的目的应是创造体验，因为体验才是当今顾客真正需要的。图 01 中的万圣节包装是汉堡王专为 2015 年万圣节活动设计的。汉堡王在此活动中推出了一款万圣节皇堡，烧烤味黑色小圆堡。设计师从万圣节的装扮中获得灵感，为霸王鸡条设计了上面印有受电刑的鸡、弗兰肯薯条和镰刀死神的系列包装，营造万圣节氛围。

另一个不错的例子是星巴克最近做的品牌重塑。他们简化了商标，但却增加了可辨识的图示，进一步突显"星巴克美人鱼"，以强调那张被白色和绿色字母围绕的笑脸。该设计项目的包装重点突出了商标。这种设计概念很可能对大多数品牌来说过于简单，然而对像星巴克这样的国际大品牌，它真的给世界各地的顾客都留下了深刻的印象。这种崭新的形象虽有些不露声色但却强劲有力，成功地展示了如何推广一个品牌。

是什么让外卖食品包装设计
引人注目?

设计师需要设计包装来帮助销售。当下的顾客对品牌的期待更高,他们比过去更加注重外观,更加精明。他们希望产品信息简单易懂,以方便他们了解自己所购买的商品。比如,一位顾客从货架上拿起一件商品,但却只看到以 Helvetica 字体写在白色背景上的产品名称,除此之外,再无任何其他信息。消费者很可能会把商品放回去,并购买标明了产品特点和优点的其他替代性商品。

外卖食品包装必须能够吸引顾客并展示出特有的风格。它是不同颜色、材质、形状、风格和创新的完美组合,它只能通过设计呈现,从产品本身特点出发总是不失为一种获取设计灵感的好办法。同样重要的是了解产品的目标市场——因为这是任何产品推广或重塑的最重要的方面之一——及其目标群体的社会经济地位、性别、种族,甚至是目标群体的普遍性格特征。了解的信息越多,信息表达就越有效果。

成功的外卖食品包装没有真正的秘方。然而,好的包装不仅仅是解决某一个特定问题,好的包装能够让顾客产生一种情感联系,能够更好地连接用户与品牌,而且令人难忘并吸引顾客再次购买。它还标志着一种风格、地位,能够满足顾客的需求和渴望。

外卖食品包装如今已经形成自己的语言,并随着市场需求的变化而不断发展和变化。如今,外卖食品包装不仅仅是为了保护待售产品,它还具有其他更加重要的功能。因为外卖食品必须便于携带,所以外卖食品包装设计逐渐变得复杂起来。这就是为什么实用性是外卖食品包装设计的基本要求。然而,除了基本的实用性之外,包装还应被视为一种可移动的广告,当它被带出餐馆,走上街头的时候,它必须能够鲜明、清晰地标识一个品牌并提高品牌自信。因此,设计包装应考虑以下因素。

保护作用

所有包装的基本目的都是容纳和保护内装产品。外卖食品具有一定的保质期,其保质期很容易受到温度、湿度、细菌和其他因素的影响。尽管品牌应该创造一个引人注目的包装,它们还必须确保包装能够保持食物新鲜以及产品完整。有时候,品牌还可能改变包装的制作方式,以避免食品腐烂、变形。

材质

包装所采用的材料同样也是塑造品牌形象的一个重要元素。例如,环保材料将吸引更多顾客,并提高品牌信誉。材质还有助于控制成本,但却能够取得更好的效果。

功能性

包装的平面设计和结构设计都应具有功能性。它必须满足包装的设计要求,对外卖食品而言尤其如此。这种功能性取决于包装是为何种产品设计的以及该产品是否含有油脂、水分和其他能够影响包装的功能或处理方式的残留物。每个外卖食品包装都必须满足容易被打开的特定功能,同时设计还应具有趣味性,给顾客一种探索的体验,而不只是机械的用餐。

比如，"一石二鸟"包装盒 (图 02) 就不只是提供了包装甜点的基本功能。设计师清楚地知道，许多人喜欢在用餐时喝咖啡。因此，设计师创造了一种实用的风格，为顾客外带咖啡提供了方便。这是一种巧妙的设计，不仅仅因为它起到了一石二鸟的作用，而且还因为设计出人意料，所以当顾客拿到放在同一个盒子里的甜点和咖啡时，他们会感到很高兴。

辨识度

有时候，顾客会对品牌形象做出快速的回应，但对品牌的认可程度则基于其从产品获得的满足感以及产品与形象的关联性。品牌形象代表了顾客对产品的感觉好坏，品牌辨识度成为了一种重要的工具。一些公司数年来沿用同一款包装，并决定在公司发展历程中只做出些许改变。它们之所以多年不改变品牌包装设计，其主要原因在于品牌名称、商标或商业特性的独特组合，即一脉相承的包装能够立即让受众辨认出该品牌产品，轻易地将其与其他品牌的同类产品区分开来。比如，可口可乐的瓶子和麦当劳的开心乐园餐盒均沿用了多年。两者都成为了标志性包装，使得顾客只要看到包装就能清楚地辨认出品牌。

一个屡试不爽的诀窍是从产品本身吸取设计灵感，这可能表现在颜色、形状、尺寸、材料、摄影或其他方面。设计师有责任使外部包装在某些方面与内部食物一致。The Shack 海鲜包装 (图 03) 就很好地运用了这个概念。它从产品本身获取灵感——渔民新捕获的生猛海鲜，选择围绕主要元素来设计包装。设计师选择蓝色和红色作为主要颜色以此来暗示深海和烹饪的海鲜。

直接性

没有其他广告媒介能像包装这样靠近消费者。包装真真切切地拿在消费者的手中，与他们直接接触。无论产品有多好，如果印刷质量太差，也会严重影响消费者对品牌的看法。即便只是短

图 02 "一石二鸟"包装盒

暂的瞬间，消费者和产品包装之间的这种互动体验也会影响到其对产品的认知。包装设计一旦获得成功，能够在消费者和产品之间建立一种亲密的情感联系。

吸引力

容器或包装的吸引力源于多个组成元素，比如尺寸、颜色、材料、形状，甚至是所用的包装的版面设计。包装外卖食品必须与人们的五官联系起来。例如，感官是一种强大而有力的交流工具，品牌可以在不诉诸语言的情况下借此传达出许多内涵，比如公司产品、公司形象等。

以麦当劳的开心乐园餐盒为例来说明上述元素：

• **保护作用**: 开心乐园餐盒的每个部分都有各自的包装保护，因此餐盒方便儿童或成人开闭和携带。

• **材质**: 餐盒是用一种最常见的并且环保的材料——卡纸制作而成的，简单实用。

• **功能性**: 餐盒的第一个功能就是外包装能够盛放所有的独立小包装。同时，它还扮演着另一个重要角色，那就是让儿童在购买这种盒装套餐时自由发挥想象力来创造一种探索世界的感觉。

• **辨识度**: 自开心乐园餐盒于 1979 年首次亮相后，该包装几乎从未变过，因而极易为顾客辨识。第一眼看去，简单的形状和鲜艳的颜色无需多言，包装设计就能够为自己代言。无论在哪个地区，不关乎年龄或时间，该包装都很容易脱颖而出。

• **直接性**: 儿童完全不懂何为广告，然而包装期望传递的"开心"的信息却非常容易理解，从而使儿童都渴望拥有这款包装。当儿童接触到包装时，便与产品之间产生了一种直接的联系。

• **吸引力**: 该餐盒的形状多年来都未做出较大改变，但外观设计却随着季节特征的改变而不断变化，以满足顾客的需求。

图 03 The Shack 海鲜包装

外卖食品包装设计应该考虑哪些元素？

尽管外卖食品包装设计没有定规可循，却在布局、尺寸、形状、颜色组合和其他方面有许多选择。每个设计方案都需要新鲜的想法，确保品牌辨识度的方法之一便是保持一致的特征和一种深层的风格美学。

外卖食品包装所采用的常见材料，如卡纸或铝材限制了设计或创新方面的选择。更加常见的是，食品容器甚至都不显示公司名称或商标。然而，越来越多的餐饮品牌如今都试图在其外卖食品容器上采用创新的包装设计，这样一来，顾客即便用餐后也能对该品牌留下深刻印象。这种创新设计是将某个品牌区别于其他品牌的绝佳方法。如果包装质量上乘，顾客们往往会认为该产品的质量也很高。如果包装质量低劣，顾客会认为产品本身的质量也很差。

外卖食品包装应该展示出便利性、可信性和一致性。不同的公司可能希望强调产品的不同特征，但最好的办法是通过众多平面元素的和谐组合来达到目标。

颜色

颜色是产品、服务、包装、商标等品牌元素的关键词。它可能是创造并维持公司品牌以及公司形象的一种有效手段。顾客对颜色的感知与他们对其他品质特征，如口味、营养、价格、可持续性以及满意程度的感知相关。因此，设计师通过控制包装颜色来获得积极效果。

对公司而言，不错的颜色组合如果保持一致性，最终可能成为标志性颜色。如果品牌拥有浓厚的色彩，这种颜色应该融入包装，成为一种标志。众所周知，颜色具有心理暗示的作用，所以各大公司经常谨慎地挑选颜色，将颜色视为一种传递信息、激发情感回应的工具。有一种所谓的"颜色分类"，可用来区分同一个品牌下出售的不同产品类型。比如：

• 许多天然有机产品的包装使用绿色和大量褐土色的原色卡纸。

• 奢华品牌只使用黑色、金色和银色或结合使用。

• 简单干净且配料较少的产品倾向于使用白色和米色包装。

• 儿童的食品包装一般使用明亮的颜色：黄、蓝和红。同一类包装中，针对女童的包装可能使用粉色系列，而针对男童的包装可能使用蓝色系列。

• 像淡紫色这样的柔和色经常用在女性或婴儿产品设计上。

• 亮色和黑色组合起来能产生一种精美感，是高端前卫品牌的代表。

虽然这些颜色种类对某些设计师非常有用，但它们存在的一个潜在问题是，包装可能会充满一大堆常见的惯用设计，毫无新意。因此，设计师不得不时刻想着如何才能别出心裁。选择以一种不具代表性的颜色突出产品是个不错的办法。标志颜色可以鲜明地突出品牌标识，也可将之与其他颜色结合起来，以做出特别的展示。这种方法必然有助于在顾客群体中建立品牌的差异性。图04 中 Bembos 汉堡店外卖包装使用了像红色和黄色这样的传统颜色。但设计师增加了蓝色，从而创造了带有一点波普艺术感觉的有趣图案，成功地以一种非常漂亮和引人注目的方式让该款包装突显出来。与 Bemobs 设计不同的是，Star Grill 汉堡包装（图 05）采用棕色、绿色和白色作为基本颜色，并以其他颜色反映出食品所用的配料类型或口味。

字体排印

字体排印是用以在包装上传达语言信息的一种媒介。它的重要性来源于信息的视觉呈现上，成为产品包装设计不可或缺的重要元素。

图 04 Bembos
汉堡店外卖包装

图 05 Star Grill 汉堡包装

今天，随着创新技术的运用，出现了众多文字字样，包括各种字体、大写和小写字母、粗体和斜体等。这种外观旨在传达不同的含义，试图创造一定的视觉效果。包装采用的字体排印不仅可能样式不同，而且字体排印还取决于包装的形状和规格。设计师必须认真地将各种信息与设计的样式准确无误地进行匹配。

包装的字样需要醒目、有趣、与众不同、易辨认、易理解，且如之前所提到的，应符合包装的整体设计风格。当然，文字本身对顾客是否做出购买决定具有非常重要的作用，但语言信息的表达方式以及印刷质量的作用也不容忽视。因此，设计需要从消费者的角度入手，采用不同的技巧对排印元素进行合理安排，其中包括对文字的定位、对齐、颜色、对比、重量和字体等的处理。

羊羔品牌食品包装（图 06）通过字体排印来推销产品。此案例的字体排印在该平面设计分支中的作用非常显著。设计师巧妙地采用字体样式和字体大小，成功地创造了品牌形象。字体排印使得信息被有效地传达给消费者，并以极少的资源创造了其品牌标识。

几何形状

设计师在包装设计创作时会考虑几何图案。图案以有限的颜色组合呈现出最基本的形状，如直线、圆圈、三角形和正方形，而颜色组合通常为单色或呈现出高对比度。这也是应对不知所措的顾客的心理状态的一种尝试。特别是对于采用出人意料的设计的行业，这种简化方案显得极为突出。熟

图 06 羊羔品牌食品包装

图 07 几何形状面包包装

图 08 Arepa' 外卖包装

设计师
Diego Frayle, María
Duriana Rodríguez
-
完成时间
2014

悉的形状、颜色和图案传达出一种对世界的认知和对顾客的关注。如图 07 所示,包装的不同图案和纹理是用平面设计的基本元素之———条纹创造的。包装设计中巧妙地融入了黑色,为包装增添了一种优雅和精美的感觉。

个性化风格

随着人们比以往更加活跃、面面俱到,他们喜欢在餐馆外就餐——在学校、工作时和在健身房享用美食——从而导致外卖包装越来越受欢迎。因此,包装的视觉吸引力也变得日渐重要,因为顾客喜欢那种能够提供时尚的外观和具有多种功能的产品。

Arepa' 外卖包装 (图 08) 的目标客户是那些几乎没有时间用餐但却想要吃得好的年轻受众。设计师创造了几个有趣的人物,以常见的名字给他们命名,突出品牌起源和配料种类,同时还努力为顾客用餐时营造好心情。这种漏斗形的设计和饮品的搭配创新了包装设计,使得外卖食品变得易于携带。

图 09 多功能设计寿司包装

结构

结构是设计外卖食品包装时应该考虑的基本因素之一，因为食品需要放在一个保护性容器中才能带出餐馆。因此，设计师必须考虑方便携带的功能。品牌也依赖多功能包装概念，以一种新方式在市场上推广他们的产品。所有包装都应该具有三个功能：容纳、保护并把产品从商店或餐馆配送至家中或工作地点。如今，包装设计师开始考虑顾客离开商店或餐馆后的消费体验。因为目标顾客的生活越来越忙碌，设计师需要创造出一种方便顾客用手拿着就可以四处奔走的外卖食品包装。此外，人们越来越喜欢购买外卖食品，或寻找那种可以直接从货架放入微波炉或烤箱的快餐食品。如果包装方便携带，而且能够整洁地放在烤箱里，那么就可认为外卖食品包装设计能够满足今天日渐增长的市场需求。

从普通包装类型，如塑料瓶、罐、盒和管，到数不胜数的特别的混合包装类型，今天包装结构的多样性和可能性远远超出了大多数人们的想象。平面设计的形状和结构会随人们想象力的发展而变得更加多种多样。

包装设计可融入具有创意的想法，通过实现功能和创新的巧妙组合来吸引顾客的注意。如图 09 所示的包装设计独具匠心且便于携带。包装可容纳所需的所有物品。它不仅用于盛放寿司卷和筷子，而且还有多个盛放酱油的容器，打开后可倒入小小的蘸料碗中。如果顾客不想使用筷子，可拆下包装盒顶上的部分，以之拿取寿司。

材料

包装材料有纸、塑料、玻璃、皮革、合成皮、泡沫、软木、金属、木材、织物、橡胶、合金，以及不断出现的新材料。材料的选择是无穷的、复杂的，有时候甚至有点吓人。每种材料都有各自的特征，比如重量、结构、强度、渗透性、材质、颜色以及其他许多提升或反衬包装产品的特征，外卖食品包装设计必须考虑这些元素。

制作的可行性和基本的经济效益将影响材料的选择。包装结构和材料取决于产品本身的特征，如产品的类型、运输条件、保护措施、目标受众以及成本。材料可分为以下几种类型：

● **纸和卡纸:**

纸和卡纸是用以包装食品的最常见、最广泛、最多功能的包装材料之一。它可呈现众多形状,具有不同的厚度,容易印刷,同时还经济划算、可回收利用。有三大主要类型的纸可用于包装:瓦楞纸,被广泛应用在与食品直接接触的包装上,如披萨;卡纸,常用于存放液态和干燥食品、冷冻食品和快餐;纸袋,可进行造型并加以巧妙设计来创造一种创新实用的包装。比如,Yumi 饭团包装(图10)选用卡纸作为其包装材料,新颖漂亮。卡纸像荷叶一样折叠起来,当顾客品尝饭团时,包装像莲花一样打开。给人的整体感觉清洁高雅,其精美的设计暗示了一种文化体验,别具一格。

● **塑料:**

塑料多种多样,几乎应用在每种外卖食品包装的类型中。塑料易弯曲,可构成不同形状,具有多种厚度、颜色和规格。除了功能性之外,塑料还常用于创新的包装设计中。比如,雅典面包店组合包装(图11)的部分包装使用了塑料,充分利用了它轻便的优势。

图 10 Yumi 饭团包装

图 11 雅典面包店组合包装

- **玻璃：**

这种材料可制作成不同形状，具有多种颜色和规格，从而被用在创新的包装设计中，有时候还被某些品牌用作商标。外卖食品包装中最常用的玻璃容器是玻璃罐和玻璃瓶。图 12 所示的包装采用玻璃作为系列果汁的包装材料，创作出了绝佳的品牌和包装设计。这种组合得益于玻璃的透明性，还原了果汁鲜艳的颜色。设计完美地融合了材料和设计，展现出了一款独特的包装。

图 12 Owen + Alchemy
果汁包装

图 13 Monarca 外卖包装

从可持续的观点来看，当代的设计师应该采用尽可能少的材料来实现包装的目的。材料的节约同样还带来能源的节约，并进一步深入供应链，因为每份外卖食品都必须配送到不同的目的地，然后才被送到想要享用产品的顾客手中，最终被扔掉。如果设计师采用更轻、更少的材料，就能极大地减少污染，同时，优秀的设计不仅能减少重量，还能节省空间。与混合材料包装相比，采用单一材料的包装可方便顾客拆解，而且回收和打包时还可减少包装的体积。材料和资源日渐稀少、昂贵，设计师和制造商必须改善包装方法。考虑到产品销售需要包装，所以包装仍会持续存在。但过度包装却会带来危害，因此必须加以避免。

外卖食品包装设计发展潮流和趋势

毫无疑问，互联网和全球化现象影响了当前外卖食品包装设计的样式和潮流。来自世界各地的大量包装创新形象，既有过去的，也有现在的，冲击了当今的顾客和设计师，就在他们的指尖下，为人类提供了大量的信息和选择，这些都是史无前例的。

数字时代的一个有趣的副作用便是我们成为了"自拍的一代"，似乎每个人，无论年轻还是年老，随时都能使用相机，具有上传能力，同样也经常在社交媒介上分享那些那些令他们惊讶、开心或恼怒的产品的照片和评价，尤其是食品。这种雪球效应最终演变成一种更加个性化的附带营销现象，变得更好或更糟！

同样，设计师还肩负一项额外任务，那就是在构想包装概念时应考虑多种因素，包括评估社交媒体的共享性以及产品包装的手工制作倾向，利用顾客的复古情怀而激发的情感来增加外卖食品包装设计的趣味性，推进几十年流行文化中平面设计的发展。与此同时，环保是所有包装设计的大背景，包装材料的环保性正快速成为现代包装设计的核心特征，无论是从顾客需求还是从地球的可持续发展来看都是如此。

共享性

外卖食品包装不再只是关乎用餐，如今设计师还需要关注设计的共享性，因为拆除包装的行为正在成为消费体验的一个关联部分。设计师不仅需要考虑设计的功能性和设计样式，还需要考虑消费者打开包装的过程，这一过程可能会影响该产品最终是否会被上传到网络上。设计师逐渐意识到，包装如今是一种动态广告，极有可能被拍下来并在社交平台上被分享。

"自拍的一代"的产生也影响了设计师推出包装产品的方式。每个年龄段的顾客都在通过文字和照片分享他们购买的产品，因为他们所购买的产品能够告诉他人他们是怎样的人以及他们想成为怎样的人。对 Monarca 外卖包装（图 13）而言，包装的目的是让产品足够特别，这样当产品被顾客从商店带走时，它就会成为移动广告来帮助推广品牌本身。其他人无论在哪里看到这些杯子，在街头还是在社会媒介平台上，都能够通过包装独特的设计立刻辨认出品牌本身。

手工制作

外卖食品包装设计的另一个趋势是对过去的理想化。那时候商品是由手工制作的，其细节得到关注，其本身受人重视。这些设计从以前的形状和技术出发，但却以新方式对其重新组合。设计师可以基于不同历史时期的最好成就而对其进行加工。这种做法包括使用濒临灭绝的技艺，如书写艺术、凸版印刷术和锡箔工艺。近年来，这种手工做法日渐增多，因为它给市场留下的印象是，这些设计因为采用了更加传统和手工的方式而具有更高的价值。因为这些传统手工艺经过了历史的检验，而人们在之前的实践背景的基础上对其进行重新加工，并以创新的方式将其应用到了二十一世纪。

另外，这种古典工艺让顾客联想到一个如诗如画的过去。那时候，与顾客的距离感能够确保一定产品的质量，至少在生产者和顾客之间建立一种承诺的关系。秉承手工艺的传统技艺，因此获得了顾客的信任。它一般采用定性方法，对新鲜的、天然的、有机的材料极为尊重。这些包装很容易从众多同类包装中突显出来，因为它们温声细语，而不是大喊大叫，特别是与今天随处可见的、喧闹的"红绿灯"包装形成鲜明的对比。这些包装和标签往往配有标志性插图、欢快温暖的粉蜡笔画以及以更加热情的黑色、棕色或乳白色为背景的中间色调。粗犷的带装饰的类型，配上简单、流行的衬线或手写字体展示出了品牌悠久的历史。它表明产品具有它所宣称的高品质，而且绝对名副其实。

创造一种更具手工特征的包装很有可能提升产品形象，但同时也要建立在消费者的总体体验的基础上。最后，包装能够展现设计师对产品以及顾客的悉心照顾。从包装的形状和功能来看，包装成为了产品的特别部分，而且复兴了过去的惯例和传统。有人可能认为这是一种对现代设计的否定，也有人可能认为这是一种对消费者渴求纯正的回归。采用手工制作的目的不是倒退回过去，而是以过去的人文来影响整个市场。

环保意识

顾客越来越意识到有必要确保自己使用的产品对环境产生尽可能少的影响。研究表明，大多数顾客关心全球气候的变化和污染，对购买可能给环境造成破坏的产品而感到内疚。因此，那些在减少产品生产、运输和零售过程中的碳排放量的包装越来越受欢迎，可以采用可回收利用或生物降解的包装。采用环保材料不仅能够推广产品，还能促进生物塑料的开发，取代传统油基塑料。为了使可持续包装给人留下深刻印象，有必要采取只是在产品上粘贴循环再造标识之外的措施。设计师在表现产品的优势时，必须减轻顾客的内疚感。尽管并不存在百分之百的绿色或环保包装——因为所有生产过程都会产生一些生态效应——但需要克服面临的困难是如何优化生产过程，减少运输以及包装生产和消耗的数量。

如今公司比以往任何时候都更加关注自身的形象，也关注盈利性，但同时它们意识到，生态思维不仅是一种意识形态，而且还是一种具有成本效益的选择。生态设计的原则看起来相对简单，但它的应用却往往非常复杂，需要对包装的生命周期内的每个阶段进行干预。此外，还应小心避免漂绿行为。漂绿行为往往只是一种将环保负担从生产链的上游或下游转移的策略。

环保问题极大地改变了设计师的工作，并迫使他们将这种范例融入实践。他们不仅需要保护和重视材料，还要限制做出这种改变所需的能量。这给研究和创新工作带来了特别的挑战。新方法不可避免地带来了一种新的美学。新美学以知识和想象力为基础，而不是像过去那样以过度使用和奢华浪费为中心。设计的目的很明确：以更少的资源做更多的事情。

趣味包装

趣味包装已经具有多年的历史，主要出现在儿童食品领域，如今流行的、夺人眼球的包装也更加常见，且经常见于外卖食品行业。趣味包装一般节奏明快、颜色多样，充满纹理、插图、人物、平面图案、特别的形状以及幽默的图像，并以此强调包装内容的新颖，有时候甚至使包装本身变得令人喜爱。经常与这种风格进行搭配的是手绘或手写字体排印，这能增加产品的个性并给人亲切感。

在设计趣味包装时，可采用无固定结构、非传统的形状以及能够引起共鸣的模压塑料，同时结合抢眼的颜色组合。这样做的目的是为了让外卖食品包装本身和拆解包装的体验变得有趣，从而摆脱枯燥乏味的常规。包装设计无论采用何种风格，最终总是为了达到某些特定的目的。有趣的插图或形式能够帮助忙碌的人们逃离无处不在的城市压力，哪怕只有午餐时间也好。

图 14 中的游戏披萨盒包装设计的灵感来自二十世纪五十年代受人欢迎的海报。该包装为顾客提供了一种与包装进行互动的更加有趣的方式。包装盒上印有游戏和谜语，为顾客创造一种更加复杂的消费体验。

图 14 游戏披萨盒

参考文献

1. 《打开我! 新包装设计》, 巴塞罗那, 三度出版社, 2013 年, 第 2 章: 包装设计的定义

2. 罗恩卡雷利·S 和埃利科特·C, 《包装必备: 100 条包装设计原则》, 马塞诸塞州贝弗利城, 罗克波特出版社, 2010 年, 第 8 章: 设计过程, 第 122 页

3. 安布罗斯·G 和哈里斯·P, 《包装品牌: 包装设计和品牌标识之间的关系》, 瑞士洛桑市, AVA 学术出版社, 2011 年, 目的和意图, 第 26 页

4. 迪普伊·S 和席尔瓦·J, 《包装设计指南: 成功设计的艺术和科学》, 马塞诸塞州贝弗利城, 罗克波特出版社, 2008 年, 包装设计的艺术和科学, 第 30 页

5. 罗恩卡雷利·S 和埃利科特·C, 《包装必备: 100 条包装设计原则》, 马塞诸塞州贝弗利城, 罗克波特出版社, 2010 年, 包装作为一种销售手段, 第 70 页

6. 安布罗斯·G 和哈里斯·P, 《包装品牌: 包装设计和品牌标识之间的关系》, 瑞士洛桑市, AVA 学术出版社, 2011 年, 方案的生成, 第 69 页

7. 罗伯森·G.L, 《食品包装: 原则和实践》, 佛罗里达州博卡拉顿城, 泰勒弗朗西斯集团下 CRC 出版社, 2006 年, 第 12 章: 食品的保存期, 第 329 页

8. 罗恩卡雷利·S 和埃利科特·C, 《包装必备: 100 条包装设计原则》, 马塞诸塞州贝弗利城, 罗克波特出版社, 2010 年, 多功能包装, 第 118 页

9. 迪普伊·S 和席尔瓦·J, 《包装设计指南: 成功设计的艺术和科学》, 马塞诸塞州贝弗利城, 罗克波特出版社, 2008 年, 掌握包装设计艺术, 第 104 页

10. 西鲁格达·F, 《科拉克斯·戴尔·迪塞诺: 包装 01》, 巴塞罗那, 古斯塔沃吉利出版社, 2009 年, 品牌认知, 第 48 页

11. 罗恩卡雷利·S 和埃利科特·C, 《包装必备: 100 条包装设计原则》, 马塞诸塞州贝弗利城, 罗克波特出版社, 2010 年, 为顾客而不是为自己设计, 第 12 页

12. 科扎克·G 和威德曼·J, 《今天的包装设计》, 中国香港, 塔森出版社, 2008 年, 销售从目光接触开始, 第 159 页

13. 迪普伊·S 和席尔瓦·J, 《包装设计指南: 成功设计的艺术和科学》, 马塞诸塞州贝弗利城, 罗克波特出版社, 2008 年, 释放设计的力量, 第 62 页

14. 罗恩卡雷利·S 和埃利科特·C, 《包装必备: 100 条包装设计原则》, 马塞诸塞州贝弗利城, 罗克波特出版社, 2010 年, 颜色的巧妙利用, 第 156 页

15. 克里姆舒克·M.R 和克拉索维克·S.A, 《包装设计: 从概念到货架的成功品牌》, 新泽西州霍博肯城, 约翰威立父子出版社, 2006 年, 第 3 章: 包装设计元素

16. 罗恩卡雷利·S 和埃利科特·C, 《包装必备: 100 条包装设计原则》, 马塞诸塞州贝弗利城, 罗克波特出版社, 2010 年, 类型与图像, 第 176 页

17. 罗恩卡雷利·S 和埃利科特·C, 《包装必备: 100 条包装设计原则》, 马塞诸塞州贝弗利城, 罗克波特出版社, 2010 年, 探索图案, 第 142 页

18. 迪普伊·S 和席尔瓦·J, 《包装设计指南: 成功设计的艺术和科学》, 马塞诸塞州贝弗利城, 罗克波特出版社, 2008 年, 包装过程, 第 76 页

19. 克里姆舒克·M.R 和克拉索维克·S.A, 《包装设计: 从概念到货架的成功品牌》, 新泽西州霍博肯城, 约翰威立父子出版社, 2006 年, 第 3 章: 包装设计、结构、材料和可持续生产的元素

20. 罗伯森·G.L, 《食品包装: 原则和实践》, 佛罗里达州博卡拉顿城, 泰勒弗朗西斯集团下 CRC 出版社, 2006 年, 第 2 章: 材料, 第 11 页

21. 罗恩卡雷利·S 和埃利科特·C, 《包装必备: 100 条包装设计原则》, 马塞诸塞州贝弗利城, 罗克波特出版社, 2010 年, 第 2 章: 设计要素——材料, 第 22 页

22. 杰德利卡·W, 《包装可持续性: 创新包装设计的工具、系统和策略》, 新泽西州霍博肯城, 约翰威立父子出版社, 2009 年, 第 6 章: 材料和过程, 第 223 页

23. 罗伯森·G.L, 《食品包装: 原则和实践》, 佛罗里达州博卡拉顿城, 泰勒弗朗西斯集团下 CRC 出版社, 2006 年, 包装创新, 第 6 页

24. 科扎克·G 和威德曼·J, 《今天的包装设计》, 中国香港, 塔森出版社, 2008 年, 每个包装讲述一个故事, 第 46 页

25. 威德曼·J, 埃夫拉尔·B 和雅克·J, 《包装设计年鉴》, 科隆, 塔森出版社, 2010 年, 第 4 章: 创造触点

26. 安布罗斯·G 和哈里斯·P, 《包装品牌: 包装设计和品牌标识之间的关系》, 瑞士洛桑市, AVA 学术出版社, 2011 年, 环境元素, 第 186 页

27. 杰德利卡·W, 《包装可持续性: 创新包装设计的工具、系统和策略》, 新泽西州霍博肯城, 约翰威立父子出版社, 2009 年, 第 7 章: 创新工具箱, 第 267 页

28. 安布罗斯·G 和哈里斯·P, 《包装品牌: 包装设计和品牌标识之间的关系》, 瑞士洛桑市, AVA 学术出版社, 2011 年, 幽默和占比, 第 118 页

29. 罗恩卡雷利·S 和埃利科特·C, 《包装必备: 100 条包装设计原则》, 马塞诸塞州贝弗利城, 罗克波特出版社, 2010 年, 复古设计, 第 154 页

Case Studies

案例分析

Collective Packaging

组合包装

客户
Secret Location

-

设计公司
SabotagePKG

-

材料
卡纸、塑料

-

完成时间
2013 年

概念零售店外卖包装

Secret Location 是坐落在加拿大的一间概念零售店，它一部分是时尚的精品店，一部分是餐馆。
设计公司为零售店设计了整个订制包装系列，抓住了该品牌的独特精髓，并将其应用于客户体验
的不同阶段。设计师非常注重细节，设计了这个令人满意、别具一格的购物袋，使该外卖包装在
大街上显得非常醒目。设计师同时还调整了咖啡容器的底座，以方便同时放置两杯咖啡却不摇
晃。亮眼的商标、特别的图案以及对蓝色和白色的巧妙运用让包装设计看起来干净别致，并不
过分华丽和庸俗。此外，顾客无需担心携带问题，因为所有容器，包括沙拉盒、汤碗等食物都能
安全地放入精美的包装袋中，而且只要你想，包装袋还可重复使用。

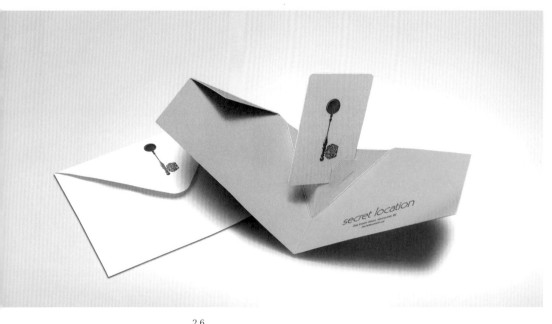

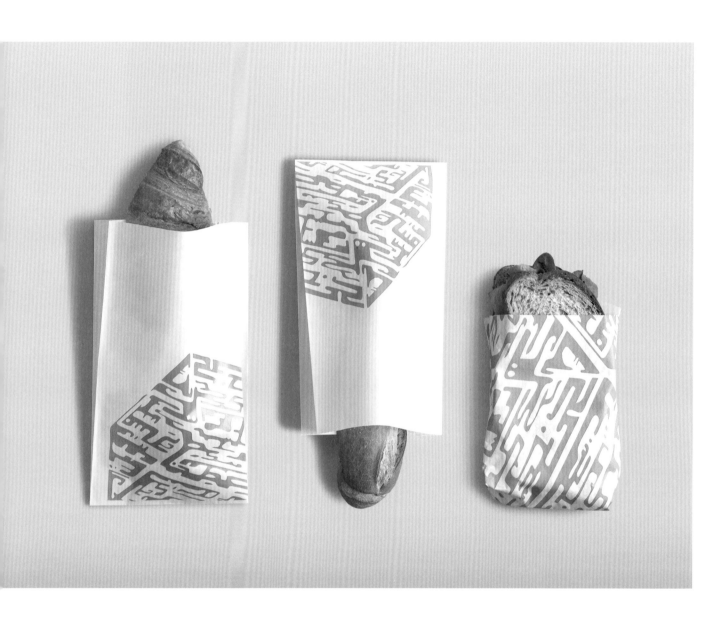

客户
D. Digenopoulos
-
设计师
Kanella Arapoglou
-
材料
卡纸、塑料
-
完成时间
2012 年

雅典面包店组合包装

Meliartos 是雅典一家现代面包店。该公司的商标及包装是受到拜占庭式的面包邮票的启发而设计的，包装采用了一种特别的排印风格。六边形代表酿造 "meli" 的蜂巢，而 meli 在希腊语中是蜂蜜的意思。圆圈让人想起 "artos"，也就是希腊语中的面包。在该黑白包装系列中，品牌商标被印在包装盒内侧，顾客一打开盒子便能看到，因为只有在享用美食的时候顾客才会关注这些。吊牌系在果汁瓶一侧，上面提供给顾客关于果汁的所有信息。此外，包装袋中还有一根绳子用来绑住三明治和商标套。所有这些包装设计都增加了品牌辨识度，成为了面向街道民众的移动广告。

客户
La Chocolaterie de Cyril
Lignac
-
设计公司
Be-poles
-
摄影
Thomas Dhellemmes
-
材料
250 克 Rives 超白纸
-
完成时间
2016 年

可可产品包装

作为一个专门售卖可可产品的地方, 巧克力商店 La Chocolaterie 是面向所有可可爱好者、巧克力棒及热巧克力粉丝的新场所。顾客们早就渴求外卖包装, 希望能够在路上享受厨师精心制作的糕点和弥漫着美妙香味的可可。设计公司从顾客的需求以及法国巧克力的制作传统获取灵感, 通过草书排印创造了新标识并设计了描画入微的标签, 设计丰富、真实而富有现代感。特别是不同颜色的运用, 在区别各种口味上扮演了重要角色, 并帮助顾客了解系列产品。各种颜色还有助于展示产品的味觉吸引力。设计师创造了一系列包装, 引诱顾客撕开巧克力棒的包装, 因为他们都了解那种直接撕开包装然后一口咬住一整根巧克力棒的满足感, 却仍旧时尚、优雅。

设计师
Princess De La Cruz
-
材料
卡纸、牛皮纸
-
完成时间
2015 年

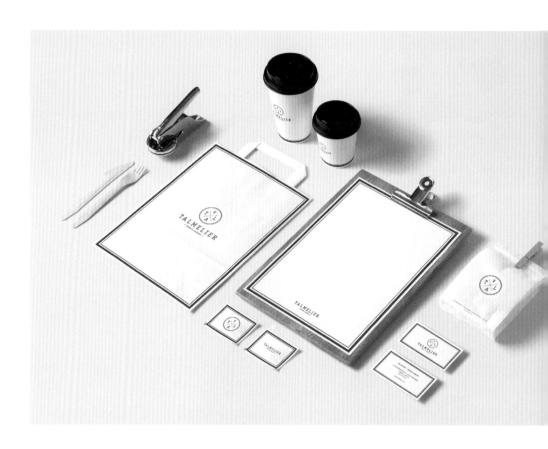

传统法式面包外卖包装

Talmelier 是法国面包师的旧称，而在此提到的则是一家位于英国伦敦的新法国面包店兼咖啡店。该面包店将法国面包房的现代性与其根源巧妙地融合在一起，专注于烘焙出最佳的传统法式面包。Talmelier 通过采用历史悠久的制作方法，以上乘的配料生产出最好的面包。因此，设计师希望通过简化复杂的设计来推广以产品为导向的烹饪方法，故仅采用白色背景和蓝色边框来勾画包装图案和品牌商标，以简洁扼要的手法表现整个包装的现代、极简以及鲜活的色彩。

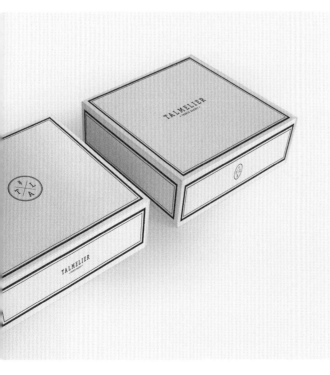

客户
Zuccherino
-
设计师
Kanella Arapoglou
-
材料
塑料涂膜纸、塑料和泡沫聚
苯乙烯
-
完成时间
2015 年

Zuccherino 甜品包装

Zuccherino 是雅典一家成立了近三十年的甜点店。品牌的字母组合图案作为公司的标识自成立之日起便延续至今，却增加了一种更具象征性的意义。该商标的几何特征在包装设计中占据主导地位。受菱形排列的启发，所有糕点盒都装饰着以竖线和横线交织构成的不同图案。各种图案的搭配创造了一种协调的产品组合，大胆的颜色提升了品牌新鲜、时尚的形象。在餐饮服务业，蓝绿色并不能算作主流的选择。暗灰色的使用提升了甜品店的形象，并能激发顾客的忠诚。受菱形标识的影响，几何图案补充并增强了包装的整体外观。冰激凌是 Zuccherino 最受欢迎的甜点。其外卖包装设计在突显产品地位的同时却从未偏离品牌标识的其他部分。设计师通过在所有冰激凌包装上采用虚线菱形，而在其他包装上采用实线菱形来突出冰激凌包装的独特性。

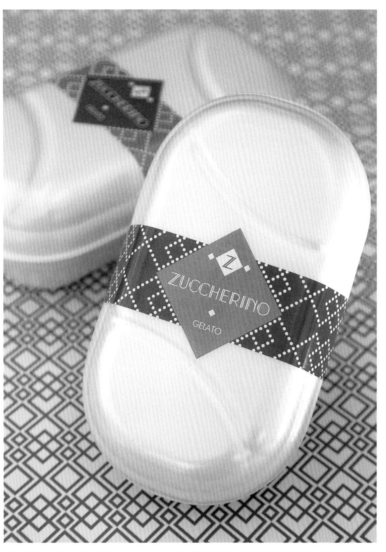

设计师
Melanie Phillips
-
材料
塑料、竹子、卡纸
-
完成时间
2014 年

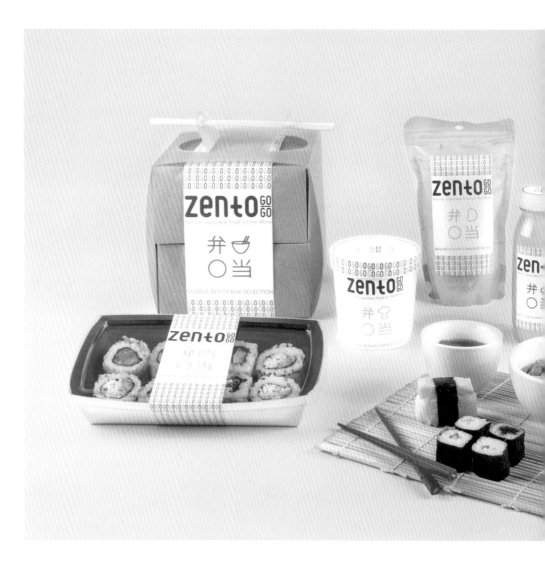

新系列日本料理便当盒

Zentogogo 是为整天忙碌却喜爱原汁原味的食物的美食爱好者量身打造的新系列日本料理。该系列产品的灵感来自于禅宗原则——"洞察事物的真正本质",并结合了日本传统便当盒的便携性。便当盒是一种传统的外卖食品盒,人们将食物装在便当盒里带走并在当天食用。Zentogogo 在经典日本口味的基础上呈现了一种当代的气息,采用生态取材、天然可回收的材料进行包装。该项目旨在创造独特的品牌标识和包装概念,供顾客在高级餐厅和美食广场消费并随身携带。该系列包装的可折叠便当盒值得人们关注。便当盒将餐具巧妙地融入包装把手设计中,为匆忙就餐的顾客提供了一种时尚、实用的解决方案。

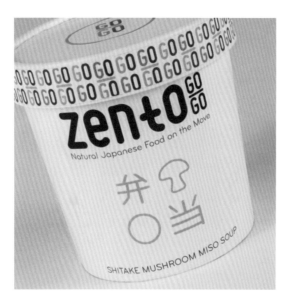

设计师
Jana Spisak
-
材料
Epson 档案纸、Munken
Lynx 轻型纸、透明玻璃纸
-
完成时间
2013 年

Wilde 手工巧克力包装

该品牌和包装的灵感来源于巧克力的制作过程。这种灵感反映在交叠的圆圈和颜色上，每个圆圈的颜色均不相同。第一个圆圈是绿色的，代表可可豆的种植。第二个棕色圆圈象征巧克力的制作过程，而最后的粉色圆圈则代表了产品与顾客的互动，即顾客在 Wilde 手工巧克力店购买和享用美味的巧克力产品所感受到的快乐。简单的打印字体以及以流畅的手写体书写的醒目字母"W"暗示了巧克力为手工特别制作的。整个系列的包装保持了高度的一致性。顾客可在任何自己喜欢的地方品尝不同的巧克力食品和饮料。品牌的每个标签都是分开剪切的，进一步突出了每种产品的独特性。整体的包装给人感觉整洁精美。

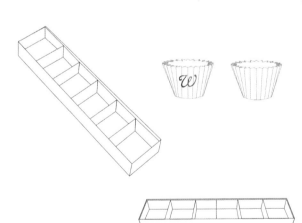

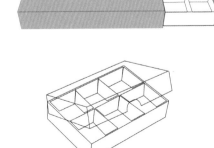

客户
Nozu Delivery
-
设计师
João Adami
-
材料
卡纸、塑料
-
完成时间
2015 年

Nozu 外卖套盒

Nozu 包装项目从客户的特别要求着手：以莲花作为商标的图标。热爱颜色的设计师立即确定了颜色组合的方案、商标的名称以及品牌标语的特别字体排印。以明亮的颜色构成的绚丽图案是采用多种铅笔画技术结合而成，并以墨水和矢量图、数字绘画完成的。包装采用创新设计，既实用又方便携带，同时给顾客一种收到一份心仪礼物的感觉。为了提升这种感觉，设计师采用透明盖设计，用多种颜色来装饰盒子和绘图，同时还设计了一些穿孔，方便顾客打开包装享用食品。尤其值得注意的是，设计师还利用标语向享用完美食的顾客提出了一个颇有趣味的挑衅。盒子底面传达了这样一条信息："还没吃过瘾？ Nozu 很轻哦。我们能为您配送更多！"

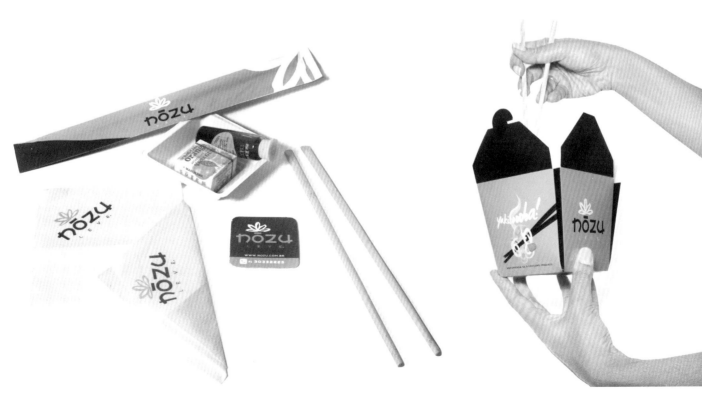

客户
Wagamama
-
设计公司
Pearlfisher
-
设计师
Fiona John、
Mike Beauchamp、
Jenny Cairns
-
材料
聚丙烯
-
完成时间
2015 年

Wagamama 日式美食创意包装

Wagamama 成立于 1992 年。它将日式美食进行打包包装, 向西方推广而日渐成为英国大街小巷受人欢迎的外卖食品。该外卖设计讲述了 Wagamama 的品牌故事, 创造了一种浓烈而亲切的体验, 以反映品牌对每道食物的关怀和用心。设计该包装所面临的挑战之一是同样需要考虑每份外卖实际送达目的地所需走过的路程。一份实用的设计方案应该考虑包装材料的选择以及包装的形状, 以提高食品的保温性并最大程度地保证每份外卖的新鲜度和卖相。这种新的外卖体验——从食品准备到配送系统, 再到包装的结构性设计——如今直接与"从餐具到灵魂的积极分享"的品牌理念挂钩。大小碗的标准尺寸和形状使得外卖食品在配送时可以折叠, 方便在餐馆中的实际存放。不同形式的隔断为维持餐食的多种多样提供了便利, 使得餐盒被打开后展现在顾客面前的是一份卖相精美的食品。每个碗都作为一个完整的包装配送, 上面缠绕一根腹带。腹带列出了 Wagamama 的点菜单——方便标示包装盒里的订单——并为筷子提供了精心的设计。

客户
Jerk Kitchen
-
设计师
Sophia Georgopoulou
-
材料
卡纸、塑料
-
完成时间
2015 年

牙买加 Jerk 式外卖包装

Jerk Kitchen 是希腊一家街头餐馆,专门提供 Jerk 式的牙买加食物。"Jerk" 是一种牙买加人特有的烹饪方法——给猪肉干和鸡肉干或腌制的肉类抹上一层被称之为牙买加极辣的辣椒混合物。为了展现食品的 Jerk 式烹饪方法和品牌餐厅的牙买加风格起源,该餐馆向顾客推出餐馆用餐服务和外卖送餐服务。这里的食物因其传统制作方法、优良品质和方便携带而受到顾客欢迎。作为餐馆标识的包装图案是个 "独一无二" 的小鸡,尾巴是字母 "J" 的样子,代表了 Jerk 式的烹饪方法和牙买加的开头字母 "J"。小鸡的尾巴呈棕榈树的形状,而棕榈树是个众所周知的牙买加的象征符号。黄色的圆形代表太阳,以增加餐馆和其食品的热情风格和风趣精神。颜色组合以牙买加的国旗颜色为基础。商标被印刷在外卖袋、盒子和饮料杯上以及外卖容器的标签上。

客户
Lee Wee & Brothers
-
设计公司
Manic Design Pte Ltd
-
材料
牛皮纸
-
完成时间
2015 年

传统食品组合包装

作为当地家喻户晓的传统食品品牌，Lee Wee & Brothers 秉持强调家传食谱和烹饪方法的家族经营哲学并引以为傲。为了使品牌渊源和处世哲学得以流传，设计师采用了牛皮纸来增加怀旧感，在标识上展示了一个辛勤工作的小男孩的形象，以此拉近与顾客的关系。设计公司还对所有主要菜品的照片进行了美术指导和式样设计，使食物看起来不仅仅只是简单的沿街叫卖的食物。整个包装设计整洁、亲切。这种家庭经营的思想在包装上也表现得非常强烈。包装没有多种图案，也没有零乱的信息传达。

客户
Quick
-
设计公司
Blackandgold
-
材料
卡纸
-
完成时间
2012 年

Quick 快餐包装

法国第二大快餐连锁店 Quick 打算重新设计产品包装，并创建一个强有力的、风格一致的、有感染力的品牌商标。Quick 快餐店旨在传达其"纯正口味"的产品定位，同时提升对 15 至 35 岁年龄层顾客的吸引力。Quick 快餐店不仅以日光下拍摄的令人垂涎欲滴的图片极大地增加了产品的视觉效果，也以优美真实的"欧洲风"的形式展示美食，同时还为顾客提供了众多不同的味觉体验。为了形象地表达品牌定位，设计师用字母"Q"创造了一个新图标，以突出系列产品的整体效果和统一的视觉体验，同时，还以诙谐的语言创作了大量的菜谱文案来和顾客建立一种有趣的对话。他们还避开了闪亮的工业性卡纸，转而采用环保粗糙的包装卡纸，同时结合明亮、欢快又天然的色调，更好地呈现出一个优质的、值得信赖的名牌，并提升顾客的消费体验质量、产品的品牌地位以及产品形象。

设计师
Mirim Seo
-
材料
塑料、玻璃
-
完成时间
2013 年

水果翻新包装

包装构想来源于这样一个事实，那就是美国市场每年扔掉价值高达 150 亿美元的水果和蔬菜，而这些水果和蔬菜仅仅只是因为摩擦而被碰伤了或变色了。但它们仍然新鲜，可以食用。设计师认为仍然有机会终止这种巨大的浪费，于是创造了 Ugly Fruit。Ugly Fruit 将周边杂货店捐赠的卖不出去的产品制作成了果汁、果酱和果干。标签上采用两种不同的字体，给顾客一种简洁优雅的感觉。此外，瓶盖上画着不同的水果脸谱插画，巧妙可爱。这就是 Ugly Fruit，却依旧美味可口！

客户
NGR
-
设计公司
Infinito
-
合作者
总经理 Claudia Boggio、
创意总监 Alfredo Burga、
项目经理 Ximena
Marautech、设计师
Franco Zegovia、Iván
Rios、Diego Dávila、
Andrea Zorrilla
-
材料
卡纸、屠夫纸、蜡纸
-
完成时间
2014 年

Bembos 汉堡店外卖包装

Bembos 是秘鲁第一家汉堡连锁店,至今已有超过 25 年的历史,尽管面临强势的国际竞争对手,
它仍然屹立不倒。对 Bembos 来说,与时俱进以传达青春和新鲜的理念非常重要。NGR 要求新
品牌的理念和设计能够迎合千禧时代的顾客的品味。受该品牌的历史的启发,设计师创造了一
种新的具有现代感的包装设计。设计团队非常重视该品牌拥有的波普艺术传统、曾经使用过的
标语及其赞助过的活动,利用它们在市场上积攒品牌的知名度。Bembos 具有浓厚的波普艺术
传统,因此,设计师挽救了这种传统,并将其应用在包装上。包装采用几何形状、复古图案和大
胆的配色方案,引诱顾客进入 Bembos 的世界。包装还展现了标志性的象形图案以及该品牌在
过去曾经使用过的一些标语。

客户
Milk & Honey
-
设计师
Ellen Witt Monen
-
材料
卡纸、塑料
-
完成时间
2015 年

Milk & Honey 甜品包装

Milk & Honey 是一家位于田纳西州的早餐、午餐和手工咖啡及冰激凌店。Milk & Honey 的产品具有高品质、手工制作以及配料纯正的特点。该品牌创立之初只拥有商标和插图，后来逐渐转向内部装修、店面标识和工作服装的设计风格，再转而关注包装、标签、咖啡套和其他方面。该包装的目的是设计一系列让顾客感受到快乐的包装。因此，品牌包装的每个细微之处都被设计成能够传达品牌以顾客为尊的服务理念。特殊的订制设计、充满想象力的插图、流行的排印处理方式、手绘的标语以及纯手工编的蝴蝶结共同创造了一种友好的氛围和社群意识。

客户
Violeta
-
设计公司
Anagrama
-
材料
亮白色和蓝紫色
Colorplan 纸
-
完成时间
2014 年

Violeta 精品面包店外卖包装

Violeta 以创始人的名字命名，为顾客提供精美的手工面包、蛋糕和甜点。Violeta 在布宜诺斯艾利斯已经存在了 30 多年，如今计划在弗罗里达的迈阿密城设立特许经营店。设计公司为 Violeta 制作了新标识，其目的是在不失去产品亲和力的前提下展现品牌的品质和包装的精美。设计方案受到布宜诺斯艾利斯的盾徽的启发——盾徽为椭圆形，上面是两艘船只在拉普拉塔河上航行，船只之上有只鸽子展翅飞翔。设计师将包装上鸽子的数量增加到三只，以纪念 Violeta 制作的美味面包享有的 30 多年的历史。设计师只保留了描绘拉普拉塔河的线条，并将其应用在标识上，还有四种不同图案的包装上。他们选择蓝紫色来搭配品牌名称，并延续了品牌的新鲜度和女性化特征。铜箔不仅是对 Violeta 杰出品质的首肯，还让人联想到新鲜出炉面包的颜色。

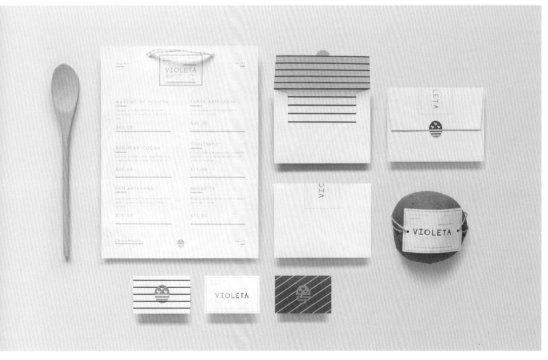

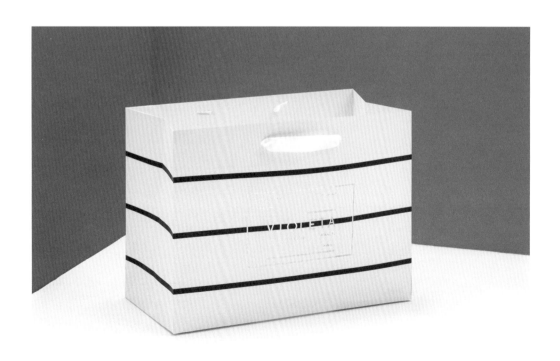

客户
Hanjo Inc.
-
合作者
生产商 Junpei Kiyohara、
设计师 Manae Ohigashi
-
材料
牛皮纸
-
完成时间
2015 年

蘸汁概念包装

DIP&BIS 是一家新式日式商店，它展示了一种新的享用饼干的方式——蘸汁，顾客可以把饼干浸泡在汤汁或酱汁里，或在饼干上蘸取奶酪或果酱。设计概念意在创造快乐、兴奋的购物体验。同样地，设计师坚持包装的丰富性，以吸引作为目标顾客的年轻女性。为了保证系列包装的品质，所有包装设计都采用牛皮纸，给顾客留下一种产品都是由手工制作的感觉，一种"品质保证"的踏实形象。包装设计是为饼干、面包、蘸酱、果酱和其他食品量身打造的。饼干作为店里最受欢迎的产品，其表面被印上了一个大大的品牌标识。

客户
Xoclad
-
设计公司
Anagrama
-
材料
糖果粉色和薄荷色
Colorplan 纸
-
完成时间
2014 年

玛雅海滨 Xoclad 外卖包装

Xoclad 是一个高端糕点和糖果店，位于墨西哥玛雅海滨，那里是墨西哥的旅游度假胜地。在这样一个旅游业十分发达的地方，Xoclad 需要以一种优雅的方式来展现品牌形象，并利用一系列免于俗套的包装来传达该地区灿烂辉煌的玛雅文化。首先，设计师给品牌取了一个从视觉上和发音上都具有前西班牙感觉的名字，同时传达了店铺的主推产品之一：巧克力。此外，设计师设计了一个迷宫状的图案，这让人联想起久远的玛雅艺术和建筑装饰。颜色的组合给予品牌和包装一种冷静、干净的感觉，使其显得现代而亲切。

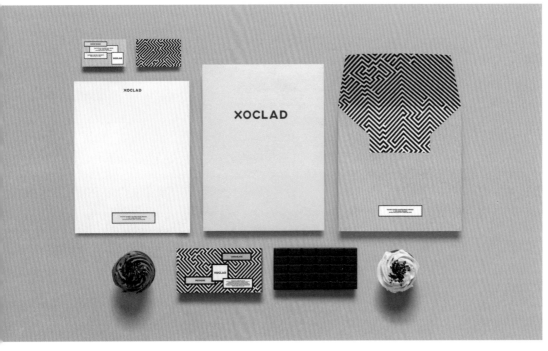

客户
Burger Nest
-
设计师
Sophia Georgopoulou
-
材料
卡纸、塑料
-
完成时间
2015 年

路特其快餐店包装

Burger Nest 是位于希腊路特其的一家快餐店。该餐厅的视觉标识大胆地采用了配色为黑色、雪白和暖黄色的商标及生动有趣的插画。汉堡和鸟巢结合后的视觉要素实际上描述了产品的安全性和营养性，旨在让顾客对品牌产生信任感。这种品牌质量进一步通过品牌口号——一切都好——得到加强。基于品牌标识的包装设计富有现代感，有趣、引人入胜，同时还通过操作简单给顾客一种自制的感觉。每套包装都印有商标和标语，不添加任何多余的噱头来分散顾客的注意力。包装的基本色调同样与商标的色调相同，完美地匹配了整个品牌标识系统。

客户
Burger Station
-
设计公司
Nueve estudio
-
材料
再生卡纸
-
完成时间
2013 年

汉堡站外卖包装

客户要求设计公司重新设计品牌商标和新汉堡连锁店的包装。设计公司根据客户的经营内容将商店的名称改成汉堡站，将其与地下快餐站的常见形象联系起来。为了体现地下快餐站的最常见和最具代表性的元素，整个包装项目采用了便携性的包装和简洁的字体排印，以适应紧张快速的城市生活。设计师为了吸引提倡创新和包容的年轻目标群体，选择再生卡纸作为外卖包装材料，以向公众推广环保的思想。

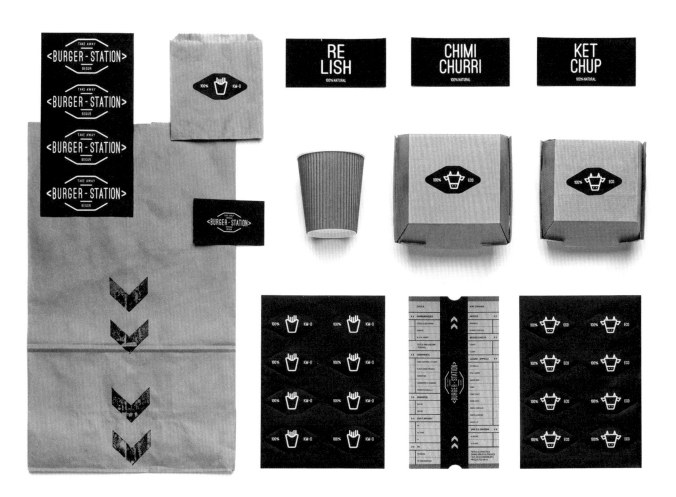

客户
Nothing but Green
Organic Deli & Specialty
Shop
-
设计公司
Pencil Group
-
设计师
Hairul Latiff
-
材料
卡纸
-
完成时间
2012 年

有机熟食专卖店包装

Nothing But Green 是一家有机熟食专卖店，其试图通过拉近与消费者距离、打造个性化餐厅、设计强有力的包装来巩固品牌形象。设计师利用铅笔绘图工具为食物创造了手绘水彩插图，并将其应用于整个包装系列。这种包装风格能够传达出一种真实的、纯正的、全天然的食品和相关产品的概念。为了进一步巩固市场地位，Nothing But Green 的外卖包装采用了低调、健康、天然的环保材料。

客户
Socle
-
设计师
Dmitry Neal
-
材料
牛皮纸、铜版纸、塑料
-
完成时间
2015 年

Socle 快餐包装

Socle 餐馆位于俄罗斯一个行政中心的地下一层，主营汉堡、烤肉和咖啡饮料，它成功地将传统美国美食与高品质的咖啡结合起来。包装设计师希望将顾客带回到二十世纪八十年代，给予他们一个了解历史和历史中的美国古典餐饮美学的机会。因此，视觉包装的设计强调和补充了这种复古元素。例如，包装的基本材料是牛皮纸，并将粗犷的公司商标印在大小不一的包装袋、纸杯和包装盒上。设计师选用的颜色组合是传统的美国就餐环境中最常见的颜色——大量的红色、白色和黑色可见于所有包装元素中。

客户
Beautifood
-
设计公司
Estudio Yeyé
-
材料
卡纸、塑料
-
完成时间
2015 年

香蕉元素包装

该品牌是在二十世纪五十年代将香蕉作为一种食物向美国市场推出时创立的。设计公司将香蕉作为一个基本元素，同时采用香蕉的颜色，创作了一系列简单而直接的包装，并向顾客传达了这样的信息：诱人的早餐。设计公司在标签上采用基础色，直接运用明黄和鲜绿来突显整个包装，使得顾客无法拒绝这些绝佳的食物的诱惑。包装的不同形状给该品牌注入了新活力，而该系列包装的材料采用卡纸和塑料来降低成本。

客户
Magasand
-
设计师
Mô Kalache
-
材料
再生纸
-
完成时间
2015 年

马德里健康快餐包装

Magasand 创建于西班牙的首都马德里，品牌的目标是以快速随意的方式为顾客提供以最高品质的配料烹饪的健康快餐。因此，设计师被要求为该品牌创作一套细致且实用的外卖包装设计，同时彰显其个性特征。整个设计包括品牌标识的重塑、外卖食品的包装以及采用手绘插图的方式来描述店内就餐及外带打包的顾客的不同性格特征。包装材料采用再生纸，反映了 Magasand 的热情环保的理念。食物和饮料可以妥善地放在大小不同的盒子和杯子里，外观整洁新鲜，同时给人们一种幸福可靠的美好感觉。

客户
Pistinèga Bologna
-
设计公司
One Design
-
设计师
Maurizio Pagnozzi
-
材料
卡纸
-
完成时间
2015 年

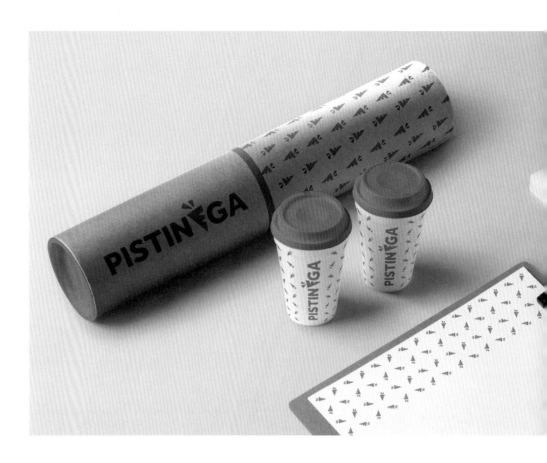

Pistinèga 果汁吧包装

该项目的客户是意大利博洛尼亚城的一家果汁专卖店。该果汁吧的名称是 "Pistinèga"，在博洛尼亚方言中是胡萝卜的意思。设计的品牌和包装概念正是从果汁吧的名称创作而来。设计师利用负空间来创造字母 "E"，看起来像是个胡萝卜的影子。从该商标的概念可以看出，将字母、胡萝卜和饮料巧妙地结合起来能够创造一个干净清爽的商标。设计师还将商标大量地印在包装上，围绕商品的品牌名称和中心图案作为包装设计的一部分，使得设计具有更加显著的效果。设计师对形状和颜色——橘色和绿色的严格使用让整体包装看起来整洁有趣。

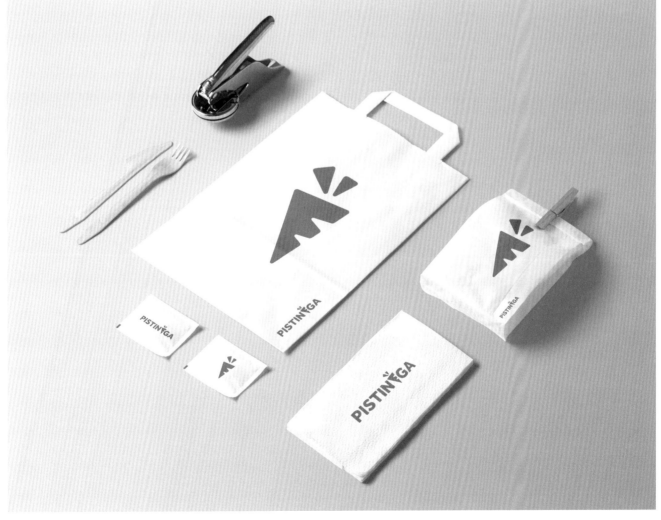

客户
Kessalao
-
设计公司
Masquespacio
-
材料
卡纸、塑料
-
完成时间
2014 年

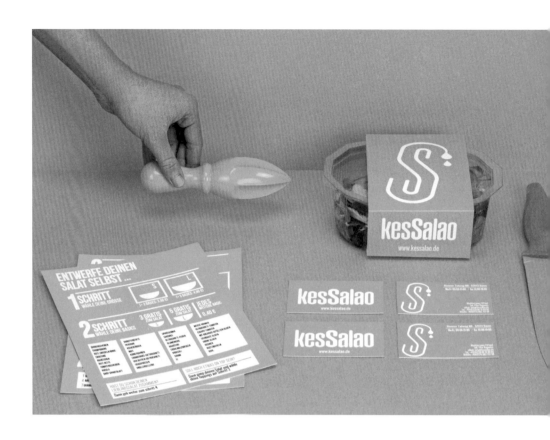

地中海美食包装

Kessalao 是一家位于德国波恩的非常受欢迎的地中海式餐厅。设计公司受其委托进行包装设计。设计师在品牌形象中融入了几个特征使得整体设计让顾客联想到新鲜天然的地中海美食。首先，设计团队基于一滴橄榄油创造了品牌标识，而橄榄油恰恰是地中海式美食和 Kessalao 餐厅烹饪的主要材料。其次，他们希望创造一种简洁现代的包装设计，使顾客关注新鲜食材本身。最后，根据客户的要求，设计师采用了深受德国人喜爱的颜色组合来代表地中海式的生活方式。整个包装设计非常整洁和简单，没有破坏品牌推广策略的多余元素，但不会影响实用性。

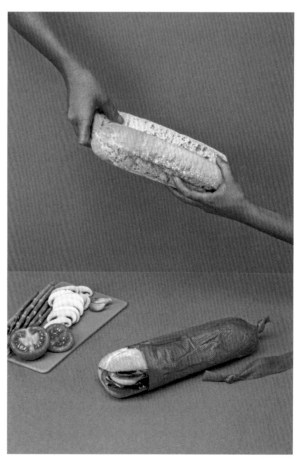

客户
Tribal coffee
-
设计师
Olena Fedorova
-
材料
铜版纸
-
完成时间
2015 年

迷你咖啡屋外卖包装

Tribal coffee 是红遍俄罗斯大街小巷的迷你咖啡屋的一家分店。该项目的主要任务是创造一个非常杰出并带有民族情节的品牌和包装设计。品尝完芳香的咖啡后人的心脏会跳得特别厉害，基于这样的事实，设计师想到了非洲手鼓的节奏和人类最原始的精神本质。非洲风格最终构成了包装标识的基础——各种不同的几何图案和人物全部衍生于非洲绘画。总体而言，该标志以现代表现方式突出了鲜明的种族特征，从而使包装设计显得特别、个性和时尚。

客户
Karl Marx Burgers
-
设计师
Dmitry Neal
-
材料
卡纸、玻璃、塑料
-
完成时间
2016 年

Karl Marx 汉堡包装

Karl Marx 汉堡的公司形象经过特别设计之后，给人的第一感觉就是产品品质极佳。Karl Marx 汉堡的哲学理念便是保持其产品的高质量水准而在激烈的市场竞争中脱颖而出。明亮的颜色组合旨在吸引广泛的目标群体，不仅包括成年人，同时还包括孩子和整个家庭，并最终将汉堡变成他们的最爱。包装表面的戳印是设计的一个基本组成元素。Karl Marx 汉堡拥有辐射市内的配送服务以及自己的外卖菜单。配送服务的主要目的是确保餐馆外卖食物在口味上保持不变。因此，大量品牌产品和外卖包装设计被应用到食品配送中，方便顾客携带。

客户
Coffee Station
-
设计师
Olena Fedorova
-
材料
牛皮纸
-
完成时间
2015 年

复古咖啡厅外卖包装

该设计的理念是让人们回到二十世纪二三十年代的超现实主义盛行的时期。要想去某个地方，想到搭火车到达目的地很正常。因此去火车站坐火车旅行是追溯历史时最先涌现在脑海中的想法。在这段旅行中，来自世界各地充满异国风情的美妙可口的咖啡将一直与你相伴。受公司商标的启发，设计师希望创造一种比火车上的普通咖啡包装更加特别的设计。因此，设计师在集思广益之后，决定创造一种老式咖啡机，机器的基本元素是一个火车头。设计师采用复古细条纹作为基本底纹，引导人们回到过去。包装中红色和蓝色的颜色组合也一直都是包装设计中最醒目、最鲜明的搭配方式。

客户
TINE
-
设计公司
Scandinavian Design
Group
-
设计师
Ingvil Marstein、
Torjan Rood Vastveit、
Tonje Jæger、
Eirik Seu Stokkmo
-
材料
木头、非涂布纸
-
完成时间
2012 年

乳制品外卖包装

TINE 是挪威最大的乳制品生产商，其历史可追溯至 1881 年。公司在市场激烈的竞争中屹立 130 多年不倒，如今希望更新品牌和包装，以展现现代风貌。在设计包装标识时，设计师侧重于其历史悠久的乳制品文化。颜色组合将母品牌 TINE 的视觉上的亲切感与鲜明、大胆的表达结合起来。经典的深蓝色衬托了乳制品的色彩，而浅蓝色则直接取自 TINE 的颜色组合。包装纸和外卖包装袋上的各种插图均以暗色表现。鲜明的暖红强调色使设计独特但却不过分传统。

设计公司
Estudio Yeyé

-

材料
卡纸

-

完成时间
2015 年

食品定量包装

在墨西哥文化中，食物的份量很大，因此经常导致体重超标。Cito 作为墨西哥城的一家餐厅，其哲学理念是让繁忙的生活简单点。为此 Cito 特别提供一种有益健康的外卖食品包装系列，通过限定份量来维持顾客的身体健康。客户要求设计公司在设计中能够反映出品牌以客为尊的价值理念，于是设计公司在设计时从生鲜食品和素食食品概念出发，采用简单但却有趣、大胆的颜色。设计表面上的孔洞给了包装更多的色彩和生命力，但包装主色采用的黑色和白色却使得整体包装简单干净。

客户
OOO BARS
-
设计师
Rustam Usmanov
-
材料
卡纸、塑料
-
完成时间
2015 年

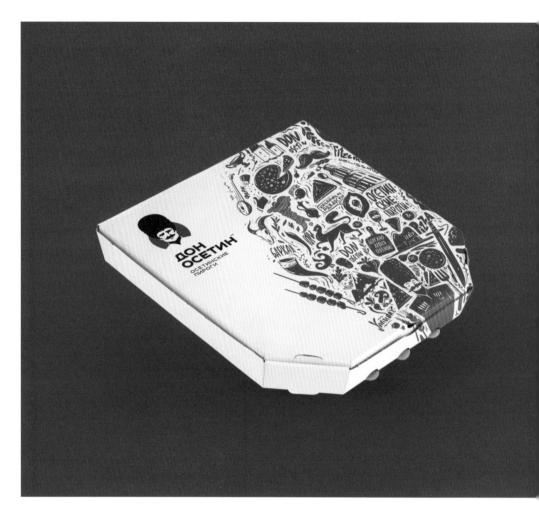

馅饼披萨包装

该快餐餐馆专门经营奥塞特馅饼和意大利披萨。该食品包装的灵感来源正是两者的混合，而食物恰恰也承载了两国的文化底蕴。设计师决定以现代的方式反映传统的文化元素。不同的插画元素，如食物、蔬菜和文化象征符号，都是完全通过手工绘制呈现在包装上的。设计师还采用了强烈的颜色来刺激顾客的食欲，并使得叫餐过程更加有趣生动。

客户
Foodport Food Solutions
Pvt. Ltd.
-
设计师
Nishtha Gogna、Kawal
Oberoi
-
材料
牛皮纸、塑料
-
完成时间
2016 年

Foodport 邮寄特色包装

Foodport 以世界各地的不同烹饪方法制作美食，并以惊人的速度配送至顾客的家门。他们擅长不同地区的国际烹饪方法并确保能够快速配送，以极强的技术为支撑保证顾客订餐的顺利进行，不至于浪费厨师的超级烹饪技能。设计团队希望通过包装设计提升客户消费体验。为了从视觉上展现该品牌的这个特征，他们提出以航空邮件为主题的构思。包装受到邮政和航空信件的启发，设计出具有活力和能够代表地区特色的外卖包装。设计师遵循航空信件的美学特征，将邮票设计成包装的一部分，这样的设计形式传达了食物已经被妥善地打包好，使得包装变得有趣，让每份快餐更加独特并受顾客喜爱。

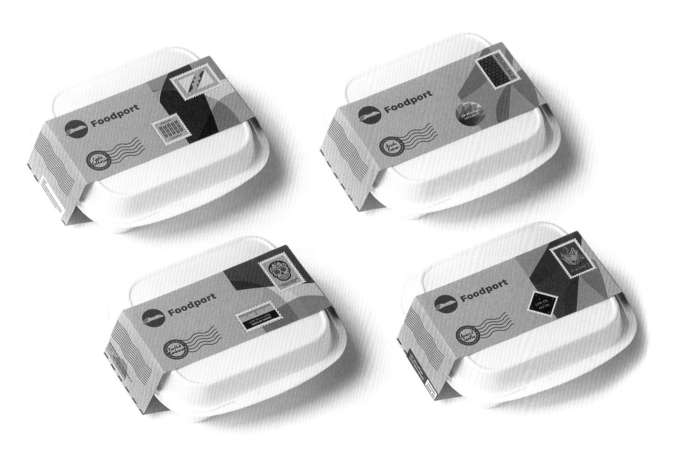

客户
La Casita Café
-
设计公司
el estudio™
-
摄影
María Laura Benavente
-
材料
卡纸、牛皮纸、塑料
-
完成时间
2013 年

咖啡厅手绘插画包装

La Casita 咖啡厅是位于特纳利夫岛的一家令人感到亲切的咖啡厅兼餐馆，目的是为顾客提供难以忘怀的体验。品牌倡导新鲜、舒适、温暖和个性的感觉。设计公司采用手绘茶壶、杯子、平底锅、砂锅以及其他厨房设施，创作出了众多图案，最终成为了品牌的主要视觉标识。这些图案被用于强调能够为就餐者提供无数有趣的外卖选择。在项目初期，设计师必须平衡所有感官的合理参与和互动。从颜色、图案到纹理、材料，每种元素都需要进行精心地搭配来取悦顾客的视觉、触觉和听觉。他们将手工制作融入到包装设计中，保留了卡纸的天然色调，采用了牛皮纸来实现颜色组合，主要是为了衬托 La Casita 供应的天然的、健康的食品。

客户
Pizza Vinoteca
-
设计公司
Memo
-
合作者
创意总监 Douglas
Riccardi 、设计师 Neil
Maclean
-
材料
卡纸、塑料
-
完成时间
2014 年

高端精品店品质包装

Pizza Vinoteca 的创始人希望在纽约成立一家高级休闲餐厅兼外卖店，厨师保证出品质量，快速方便的配送服务保证不会白费厨师的心血。餐厅的经营目的是使顾客在高科技主导的背景下以合理的价格享受到最好的高级就餐服务。因此，关于外卖的包装，设计师希望顾客离开时带走的是得体时尚的包装袋。这种包装应该看起来像是出自高端精品店，而不是一家休闲餐馆。鉴于此，白 - 黑 - 白条纹作为永恒经典的象征，在设计中扮演着重要角色，使包装显得简洁大方。整套包装设计彰显了餐厅为顾客打造的服务品质。

客户
Food Republic
-
设计师
Luda Galchenko
-
材料
卡纸
-
完成时间
2014 年

披萨和砂锅菜包装

KooDoo 是俄罗斯一家小巧但却舒适的餐厅,其菜单上出现了披萨和砂锅菜的特别组合。这里的开放式厨房可供顾客观看整个烹饪过程。KooDoo 的主要优势在于产品质量高、配送服务快。因此,KooDoo 选择条纹羚这种世界上跑得最快的动物之一作为品牌的主要形象。在外卖食品包装设计中,每个包装上面都有这种手绘的有趣图案:羚羊和它的伙伴们(蔬菜、奶酪和香肠)正通过各种不同的交通工具准时配送美味的食物。该包装设计旨在表达品牌的整体理念,创造一种运动的感觉,拉近与顾客之间的距离。

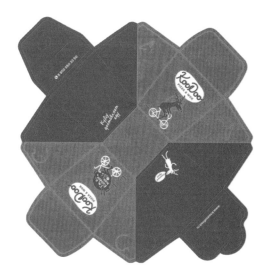

客户
Schnipper Restaurant
Group
-
设计公司
Memo
-
合作者
创意总监 Douglas
Riccardi 、设计师 Neil
Maclean
-
材料
卡纸、塑料
-
完成时间
2014 年

Schnippers 休闲餐馆外卖包装

Schnipper 是一家休闲餐馆，目前在纽约城有五家分店。该餐馆供应美式治愈美食：订制沙拉、三明治、汉堡和奶酪。外卖包装设计的灵感来源于餐馆的标识本身，同时借鉴了经典路边餐馆以及标志性的美国形象，如十九世纪五六十年代的漫画艺术。包装上设计了令人着迷的食物和配料，以引诱人们想起里面令人垂涎的美食。此外，咖啡杯上写满了品牌信息和推广标语来和顾客进行互动。该外卖包装的目的在于延伸餐馆用餐体验：亲切、舒适、多彩和难忘。

115

客户
Sunny Day Catering
-
设计公司
Luminous Design Group
-
材料
卡纸
-
完成时间
2015 年

正能量快餐包装

这些外卖包装是为了向 Sunny Day 餐饮公司的陈列室的就餐区供餐设计的。其目的在于让该品牌从激烈的竞争市场中脱颖而出，同时创造一种能够激起顾客兴趣的新形象。为了达到上述目的，设计公司决定创作具有激励意义和积极能量的插图。创作理念从文字上看均围绕太阳 (Sun) 和白天 (day) 这两个单词——暗指品牌名称。设计采用大胆的颜色搭配，包装图案上写着如"祝你拥有美好的一天"或"去享受阳光"，向顾客传达一种乐观向上的态度。无论是手写标语，还是手绘插图，都拉近了品牌与目标顾客的距离。

116

客户
Mama Mafia Delivery
-
设计公司
Openmint
-
设计师
Dmitry Zhelnov
-
材料
卡纸
-
完成时间
2015 年

妈妈烹饪美食包装

Mama Mafia 是一家位于俄罗斯圣彼得堡的快餐配送店，专门供应日式料理和意大利美食。根据品牌经营的特点，设计公司采用"妈妈动手"的家庭自制食品的形象。因此，设计师采用妈妈的人物形象作为包装插画的主要人物，同时采用黑手党头目的形象来确保食品的各方面品质。Mama 的两位助手，即意大利黑手党人和日本无赖，象征品牌的两种美食。从客户体验方面看，配送速度比冲锋枪射出的子弹还快，食品的品质在无赖的控制下也超级美味。这两个漫画人物成为品牌故事的一部分，受到目标顾客的喜爱。

设计师
Shanti Sparrow
-
材料
卡纸
-
完成时间
2016 年

原宿 Kira Kira 汉堡包装

原宿 Kira Kira 汉堡的品牌标志和包装以日本标志性地区原宿活跃多彩的文化为基础。原宿被普遍认为是日本青少年的文化和时尚中心。设计师将这种大胆、创新的风格融入了包装设计中。大胆的颜色组合利用霓虹灯的颜色和柔和的色彩创造了一种甜美、有趣和充满活力的美感。标识和包装均采用怀旧的卡通人物来增加个性和幽默感。每件包装都与图标的彩色视觉系统连接。每种颜色代表一种不同的菜单种类，包括肉类、鱼类、素食和甜点。包装采用有趣的动态风格，看起来就像美味的食物本身一样令人愉快。

设计师
Sam Deheneffe、Valentin
Comps
-
材料
屠夫纸、塑料、玻璃
-
完成时间
2013 年

六边形标识包装

设计师为这个品质产品商店 Hallfood 创作了视觉标识和包装设计系列。设计方案从该商店的六大部门着手。这六大部门分别服务于六种不同的商人：乳品加工者、肉贩、鱼贩、蔬菜水果商、面包师和酒商。主要商标代表着六边形的商店，所有商人都在这里出售自己的产品。设计师采用缩写体和象形符号来装饰包装。印在包装上的具有象征意义的图案均与食品颜色进行搭配，两者和谐共存。另外，食物用可回收绳子安全地绑扎并贴上标签，为顾客提供更多的产品和品牌信息。产品用屠夫纸妥善地包装后增添了一种复古的、高品质的感觉。

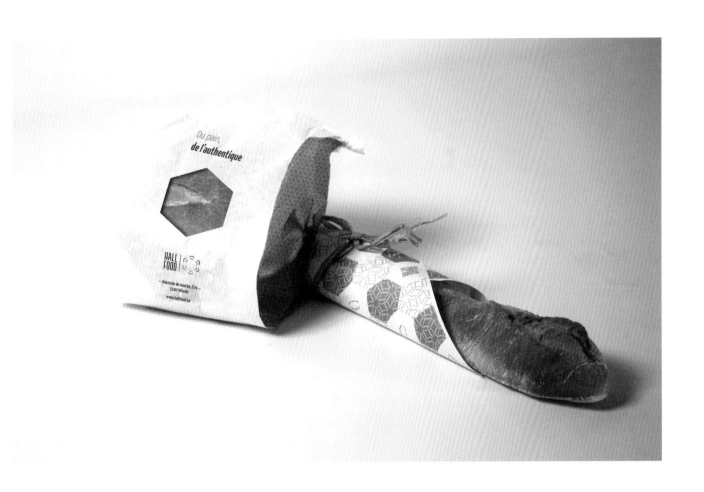

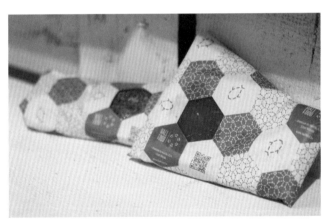

Box
Packaging

盒式包裝

客户
Pizza Forte Kft.
-
设计公司
Graphasel Design
Studio
-
材料
瓦楞纸
-
完成时间
2015 年

游戏披萨盒

设计师根据披萨盒的实际材料对包装概念做出了改变，采用不同的卡纸颜色作为一种包装的工具，如黑色、红色和绿色。因为柔性印刷产生的质朴感，设计师优先选择插画绘图，而不是真实的图片。设计师为整个产品系列设计了五种大小不一的盒子。同时，盒子上面也以系列绘画的方式讲述了五个不同的故事。根据一般经验，顾客在用餐时会盯着披萨盒看，所以设计师在盒子的各个外表面上都提供了品牌信息、游戏和谜语，为顾客带来更加多样的体验。对包装盒本身而言，视觉外观与功能一样重要。因此，披萨盒的切角不仅是一种特有的、容易解读的设计元素，同时由于它能减少滑动而增加了产品的稳定性。

客户
Anita—La mamma del
gelato
-

设计公司
507 Creative
-

合作者
项目经理 Chaki Chen 、
创意总监 Eran Zeevi 、
摄影指导 Ben Yuster、
撰稿人 Abigail Posen 、
插图设计 Shir Albin、
平面设计 Alex Szamo、
Avi Kiansky
-

材料
330 克双层纸覆亚胶
-

完成时间
2016 年

冰激凌外卖盒

该设计的目标是提出一个完全符合当前生活潮流的包装方案。设计公司以传递真实、有趣、可靠的品牌形象为中心，设计了这款独特的冰激凌外卖盒。容器的底座是一个保温格来放置冰激凌并保温。制冷盒装着蛋卷冰激凌、勺子和餐巾，制冷盒上面是由卡纸制成的盒盖。盒盖以三角的形状闭合，变成了携带的把手，同时保证了蛋卷冰激凌不会被压扁。这种设计不仅解决了购买冰激凌时产生的携带问题，还为外卖送餐解除了很多限制。这种便利的冰激凌外卖盒既实用又有趣。同时，也很容易让顾客将这种购物体验带回家。

客户
Metro Cash & Carry
-
设计师
Ionut Vlad
-
材料
印刷瓦楞纸
-
完成时间
2013 年

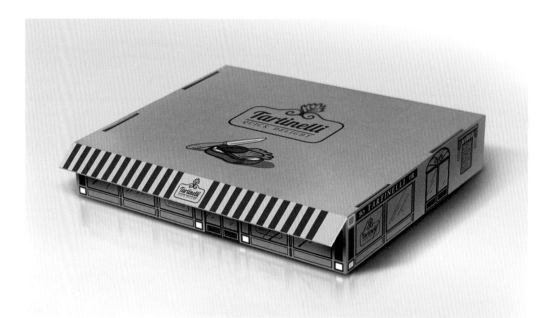

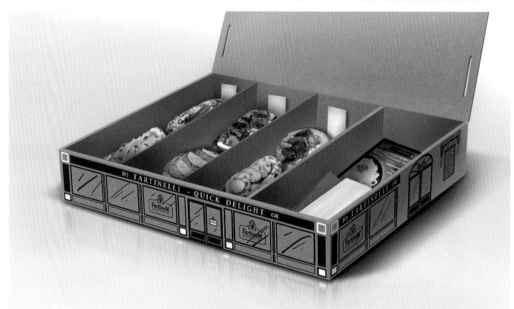

微型卡纸建筑——三明治盒

Tartinelli 想成为开口三明治的制造者,而非只是制作传统的三明治,因为它的产品是名副其实的只有一片面包片而且开口的三明治。这就是 Metro Cash & Carry 的送餐服务所呈现的概念。送餐服务主要面向在办公楼工作的消费者。包装是由几个可收藏的盒子构成的,每个盒子代表一个楼层,和 Tartinelli 所在的标准法国建筑的楼层一样。因此,当顾客购买一定数量的开口三明治后,他们便可拥有一整栋微型卡纸楼。包装盒的各个封闭部分装满了不同样式的食物,可以避免食物的移动和串味。

客户
Reddog Hot Dog
-
设计公司
Graphasel Design
Studio
-
材料
牛皮纸
-
完成时间
2015 年

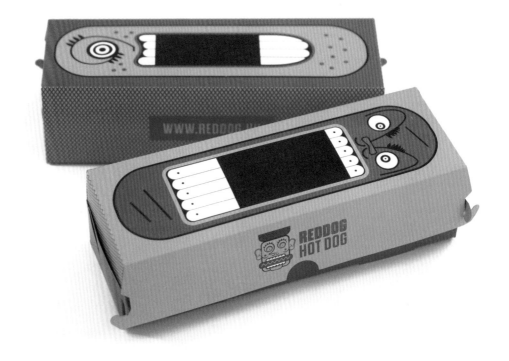

饿汉热狗包装

这个小小的热狗店位于布达佩斯的一条地下通道里。它为饥饿的路人提供了许多经典菜式和丰富的墨西哥热辣口味菜式。热狗店的周围环境非常拥挤，因此，设计师设计了一个极其欢快、出人意料的包装。特别复杂的平面设计可能会受到周围环境、视觉、噪音的影响，所以设计师试图借助南美风格的绘画来体现店铺的墨西哥特性。每个外卖盒上都印着一个张大嘴巴的饿汉，并以红色、黄色来增加艺术夸张感。

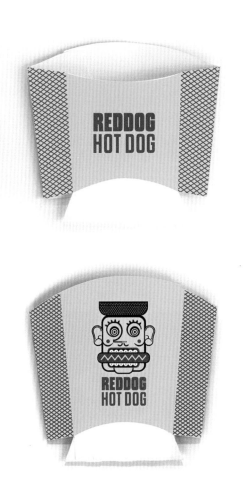

客户
Nostro
-
设计公司
Graphasel Design
Studio
-
材料
320 克 tumb 白纸
-
完成时间
2012 年

"一石二鸟" 包装盒

Nostro 美食店位于布达佩斯的市中心, 是一家虽小却经常爆满的美食酒吧。酒吧的内部经常延伸至步行街上修建的露台, 使得顾客在这里能够享受可口的蛋糕或咖啡。因为顾客常常想要打包食物带走, 于是便出现了一种新颖的包装: 包装盒能够盛放蛋糕和咖啡, 可方便顾客用手拎带。咖啡架可根据情况移除, 可以放置三个大小不同的纸杯。包装盒里的特别嵌块更加方便携带蛋糕, 同时也能避免蛋糕在路途中滑动。包装盒有两种规格, 可根据顾客需求随意搭配, 并用一根缎带连接起来组合打包。

客户
Lotte New York Palace
-
设计公司
PSD
-
设计师
Patricia Spencer
-
材料
卡纸
-
完成时间
2015 年

酒店大堂蛋糕包装

Pomme Palais 蛋糕店的商标和包装是为 Lotte New York Palace 的 Michel Richard 大厨的新法式蛋糕店专门设计的。在法语中，"Pomme"代表苹果，而"Palais"代表宫殿。商店的名称反映了大厨的法国血统和他对纽约古典元素的肯定。设计师将这些元素以整洁但却优雅的方式组合起来，并将其应用在整个品牌打造和包装中。所有包装盒都是用厚层覆盖材料制作的，上面加压光覆膜。杯子带有一个可回收外套，还有两层密封层，能够在不烫手的前提下保持饮料的温度。

139

客户
Star Grill

-

设计公司
Z&G. Branding

-

设计师
Ryadovoy Sergey

-

材料
卡纸

-

完成时间
2015 年

Star Grill 汉堡包装

在店里，顾客可购买到以天然新鲜配料制作的沙拉和各种口味的汉堡。在包装设计方面，设计师选用了绿色、棕色和白色作为包装颜色。绿色用于暗指产品使用的天然配料和新鲜原材料，棕色则使人联想到烤肉，而白色表明产品含有较低的卡路里，商标上的条纹像是烧烤留下的痕迹。总体来看，设计师创造了一种极简的包装，印在宣传单上也足够引人注目。

客户
Sushi Express
-
设计师
Hoilam Cheung
-
材料
卡纸
-
完成时间
2015 年

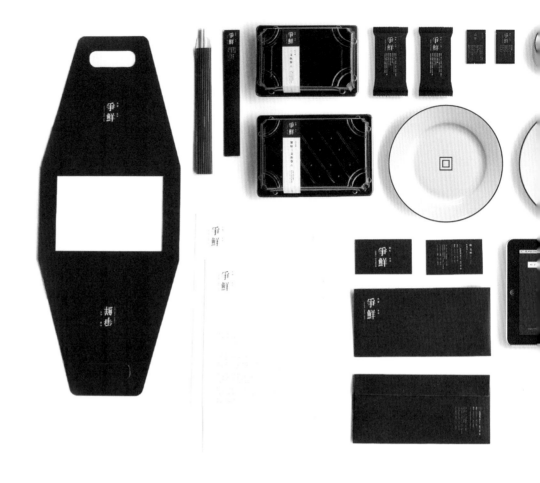

"争鲜"寿司包装

"争鲜"是一个双关语,意为"绝对新鲜",反映了该公司致力于向顾客提供新鲜、健康、安全和美味的食物。然而,现有商标已经过时,需要进行重新设计。设计师想要设计出一眼即可被顾客认出的新商标以及对目标市场颇具吸引力的新包装。顾客可选购自己喜欢的寿司,以低价购买并简单方便地打包带走。为了与产品标识搭配,包装颜色受到海洋的启发,海洋又与整个品牌格调相映衬。比如,商标上的不匀称铺排代表了水流流动的特性。设计师设计了条形图案来代表海洋,用白色线条来象征反射面。

客户
Gourmet Goat

-

设计公司
Interabang

-

设计师
Adam Giles

-

材料
卡纸、蜡纸

-

完成时间
2015 年

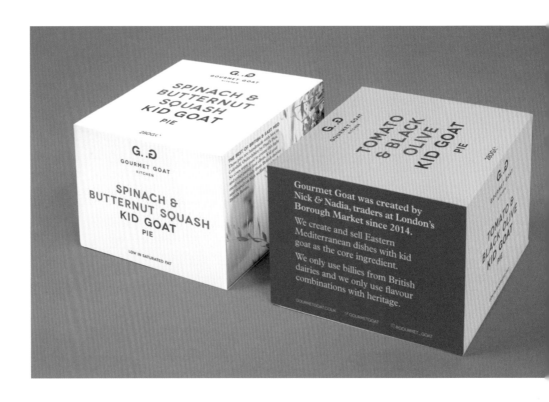

羊羔品牌食品包装

Gourmet Goat 烹饪售卖高端东地中海佳肴，以羊羔作为主要配料。客户需要这样一个商标：既能帮助他打入零售领域，同时还能反映其作为英国羊羔品牌专家的热情和地位。设计师提出的方案是创作一个表示公司名称的文字组合的设计——让复杂性和趣味性并举，使整个商标触点散发出活力。关于产品包装，设计师避免做出明显的文化暗示，相反从优质美食的语言中攫取线索：设计出一种出乎意料但却精美的灰色和橘色组合的包装。设计师还更加注重字体排印，而不是突出图像。这是第一批的馅饼包装，而这种包装设计将进一步应用在甜点、蒜味腊肠和牛肉干包装上。

客户
Sierra Nevada
Hamburguesas
-
设计公司
& Dos Más
-
设计师
Alejandra Forero、
Maria Del Sol Poveda
-
材料
微型瓦楞纸
-
完成时间
2014 年

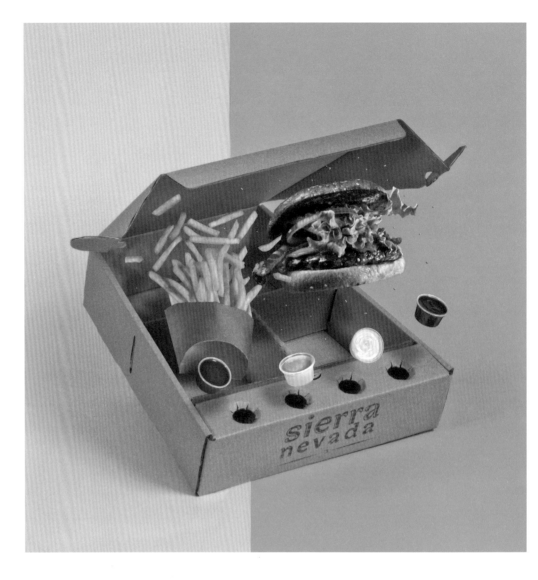

独立小盒快餐包装

该包装旨在设计出满足顾客需要的包装，使得外带食品售出后仍能保证和店里新鲜出炉一样的水准，同时保证包装产品的完整性。包装盒由盛放酱料、薯条和汉堡的独立小盒构成。它可将出自不同菜单的一顿饭菜及酱料放在同一个包装里，以方便分享食物、节省材料并减少浪费。Sierra Nevada Hamburguesas 一直致力于不仅供应天然产品，还传达给消费者与环境和谐相处的概念。这也是为什么包装采用微型瓦楞纸制作的原因。该设计充分考虑到包装的简洁性并使用经济实用的材料，仅将品牌标识用墨水印在包装上凸显食物本身。包装的尺寸完全适用于配送车辆的货箱，以保证食品免受损坏。

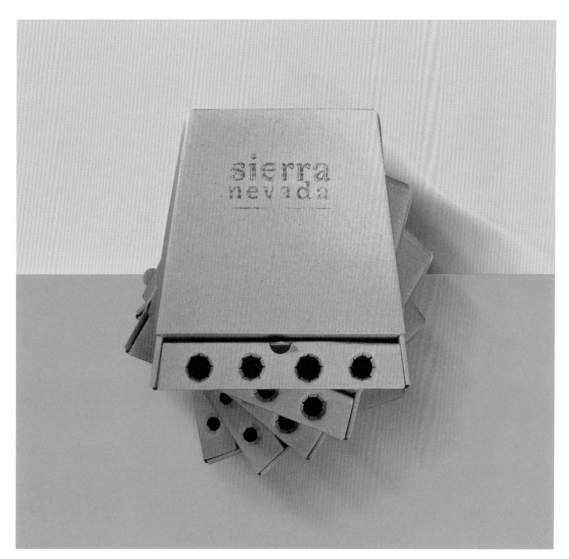

客户
L' Artigiano
-
设计公司
2yolk branding & design
-
设计师
George Karayiannis、
Souzana Vandorou
-
材料
卡纸
-
完成时间
2014 年

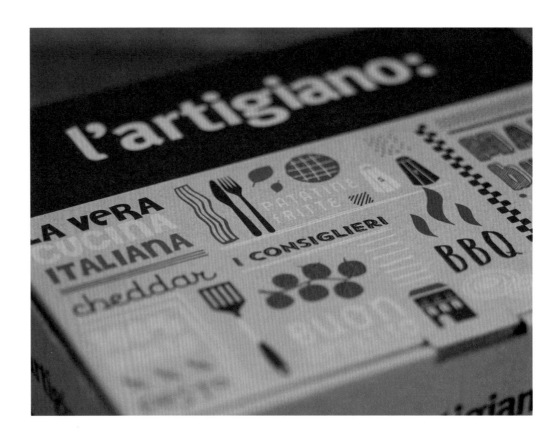

意大利 L'Artigiano 快餐包装

L' Artigiano 是一家意大利连锁外卖餐馆。多年来，坚持传统食谱、优质配料和新鲜制备的饭菜是 L' Artigiano 给顾客的承诺。然而，当公司决定进入更加复杂的意大利外卖市场时，便到了开始用不同的 "设计语言" 与顾客交流的时候了。重新设计后的商标采用简单的字体排印和一个冒号，表达了 L' Artigiano 遵循设计布局，传达了其作为优质餐馆，采用新鲜的配料、带有浓郁的意大利风味的特点。外卖包装的设计应用了同样的思想，采用受烹饪启发的措词和生动的、专门制作的插画，描绘出意式美食所用的主要配料与意大利饮食文化中的重要元素和谐并置的情形。未经加工的素描般的插画秉持了真正的 "artigiano" 精神，即工匠精神。

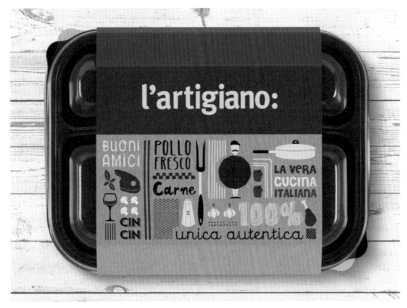

149

客户
L.P. Ellinas Group of
Companies
-
设计师
Platon Perifanos
-
材料
400 克软棉纸
-
完成时间
2013 年

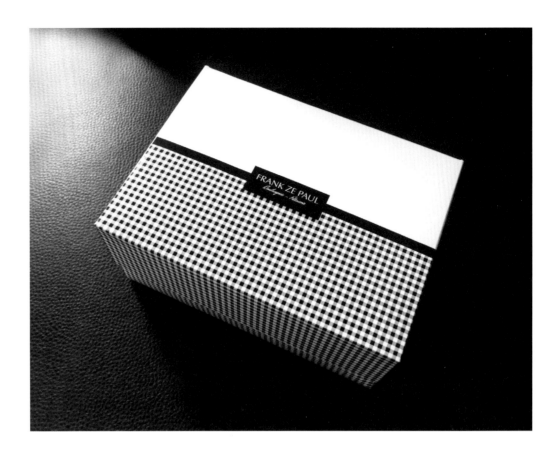

"腰带" 概念系列包装

Frank Ze Paul 是一个新生的优质面包店品牌。设计师应邀设计用于携带蛋糕、饼干或咖啡的优质但却朴素的系列包装。因为客户希望尽量减少成本，所以不能采用卡纸。设计师想要表达的情感全部来自于设计本身，唯一的要求是在包装设计中采用黑白图案。因此，设计师在创作了数份草图后，最终确定了"腰带"的概念。一条包含品牌标识的黑色"腰带"缠在包装盒上，结合白色的盒装优质图案，给包装本身留白。为了找到腰带和图案尺寸之间的最佳比例，设计师进行了全面研究，以在不同规格的包装盒和其他物品上保持设计特征。

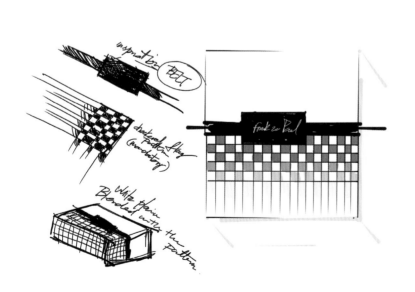

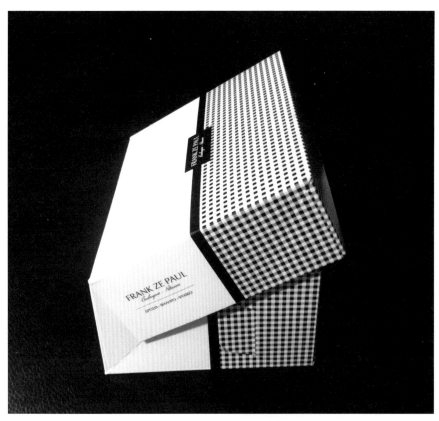

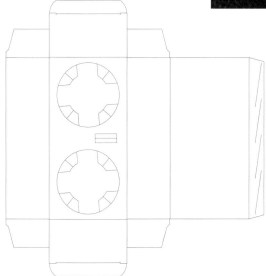

客户
Okui Sushi
-
设计公司
OUMI 4d
-
设计师
项目经理兼结构设计
Scianca Cesar
Emmanuel、
平面设计
Carcamo Juan Andrés、
结构设计
Agosta Fabricio
-
材料
300 克三层卡纸
-
完成时间
2013 年

多功能设计寿司包装

设计师首先改造了标准包装, 并在此基础上设计出一款可装 30 个寿司的外卖容器, 同时可以兼做餐盘。盒盖上有一个暗锁, 盒子关闭后, 会出现一个抱着寿司的品牌吉祥物。包装盒的正面及背面有用来放筷子的扣眼, 反过来筷子也可锁上侧门。打开盒盖时, 侧面多出的部分被拆除。对那些选择用手吃寿司的人们而言, 多余的部分可变成备用夹子, 以取代筷子。两个卡纸酱料容器采用折纸风格, 同样也放在同一个包装盒中, 以节省材料和制作时间。包装盒的视觉内容包括包装盒中心的品牌吉祥物以及大量寿司的图案和多种颜色的混合。设计师为该产品设计了整体标识形象, 而这种包装美学所蕴含的思想打破了阿根廷寿司行业的常规。在阿根廷, 包装设计一般采用极简风格, 运用白色、黑色和红色以及古代东方的书法线条。Okui 的包装设计方案无论是从形象还是从结构上看, 都更加丰富多彩、具有现代感又妙趣横生, 从中可看到设计受到当代日本美学的巨大影响。

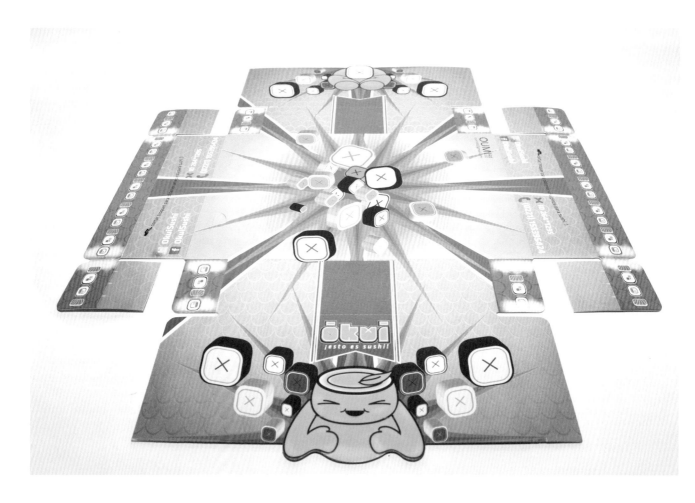

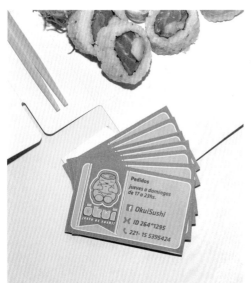

客户
Al parque
-
设计公司
Aldasbrand
-
设计师
Alejandra Forero、
Mauro Mendoza
-
材料
环保卡纸
-
完成时间
2014 年

野餐篮式外卖包装

该项目以"与朋友分享，美食更美味"的概念向顾客提供健康营养的食物。它试图向顾客推广一种新的生活方式，允许人们像在野餐一样在室外享用午餐。Al parque 形象的创作灵感来源于回忆以及值得纪念的瞬间，比如和朋友共度午后时光、呼吸新鲜空气、躺在草地上、感受微风、跳跃、大笑、奔跑，更不用提以健康的方式用餐。基于简单却独特的特征，设计师结合了古典和现代特征，借助简洁的字体印刷，采用手绘图标和彩色容器来推广该包装。他们着重设计一种受野餐篮启发的结构，这种篮子可容纳在任何地方用餐所需的一切东西。他们时刻铭记该品牌推广和售卖健康产品的宗旨，决定开发一种环保包装，只采用一种墨水、水性胶和环保卡纸。包装以单模制作，具有很好的灵活性，能够提供众多午餐选择，包括三明治、汤和沙拉。

所有午餐都搭配水果和果汁，并且所有食物都能放进同一餐盒中。

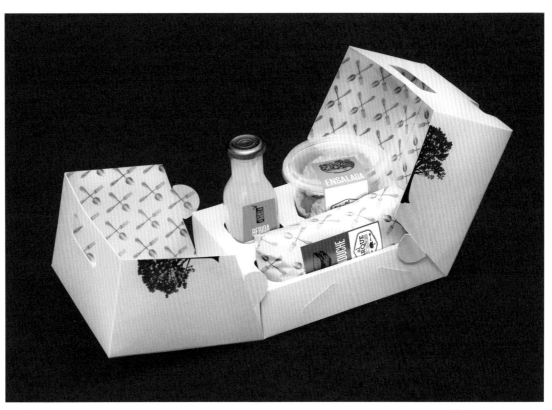

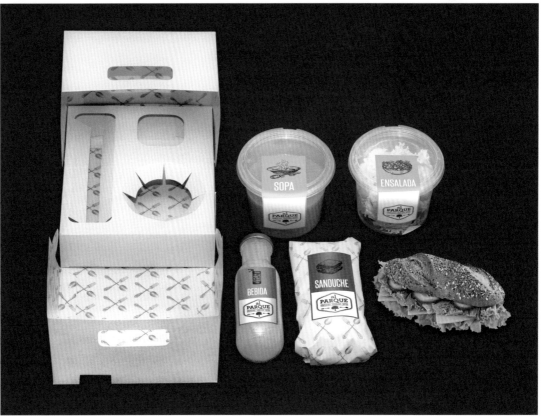

客户
Atanor
-
设计师
Nazly Ortiz Valencia、
Santiago Roldan
-
材料
卡纸、抗脂肪塑料
-
完成时间
2015 年

几何形状面包包装

该项目的初步思想是找到占星术和食物之间的联系,具体来说,就是找到占星术和最先赠予人类的食物——小麦之间的联系。简单但清晰的包装设计开始让顾客很快了解了什么是品牌标识管理——使用最少的墨水或纸制成透明容器以及品牌对浪费的高度关注。在这个案例中,每个包装都是用未被化学处理的再生卡纸制作的,能够避免因接触而造成的食物污染。同时,塑料是在不采用大量化学材料的条件下经过预处理的,因而不会改变每种产品的香味或口感。透明的包装和带有纹理的卡纸及将墨水使用减少至最少的做法同时也避免了顾客对包装垃圾的担心。

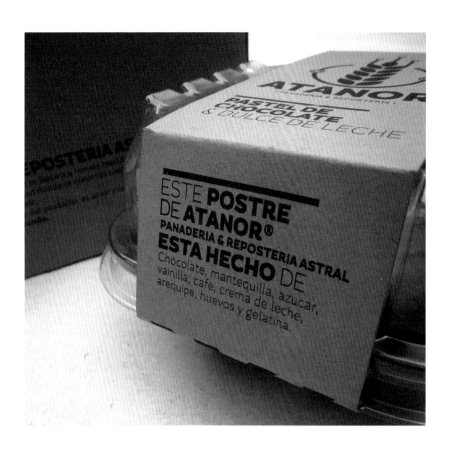

客户
Amado by Hyatt
-
设计公司
Anagrama
-
材料
Neon pantone 色（紫色、
品蓝、淡蓝、粉色和绿色）
Colorplan 纸，带金箔图案
-
完成时间
2014 年

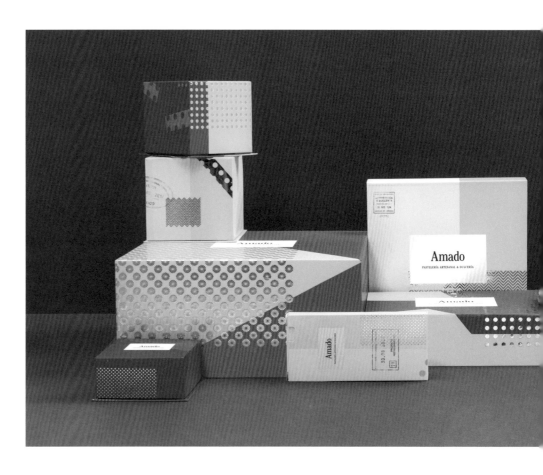

Hyatt 酒店甜品外卖包装

Hyatt 邀请设计公司为即将在酒店大厅开业的新精品店设计标识和包装。Amado by Hyatt 试图将 Amado Nervo 的诗歌中的浪漫和古典精神与墨西哥建筑大师 Luis Barragán 的现代风格融合起来。该设计方案借用这两位墨西哥偶像人物的精神理念来创造一种视觉方案，将传统工匠面包店的精细工艺提升到现代主义的新对比层次，从而让该品牌从众多相似品牌中脱颖而出。它创造了一种复杂的思想，将十八世纪的视觉语言诠释成基于生动的颜色组合和创新的印刷方法的当代创意方案。该外卖包装系列将目标客户清晰地定位为酒店的顾客，不但实用，而且给人一种高端又有文化底蕴的感觉。

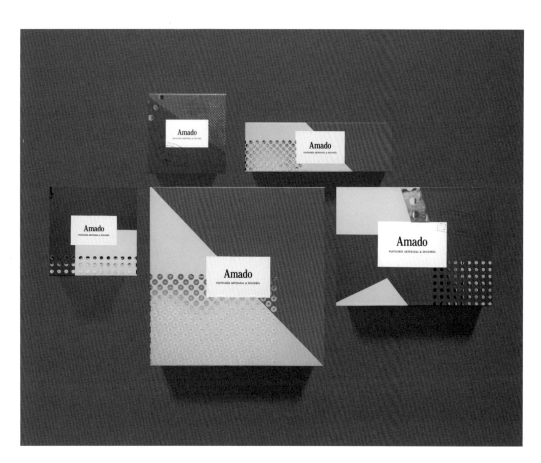
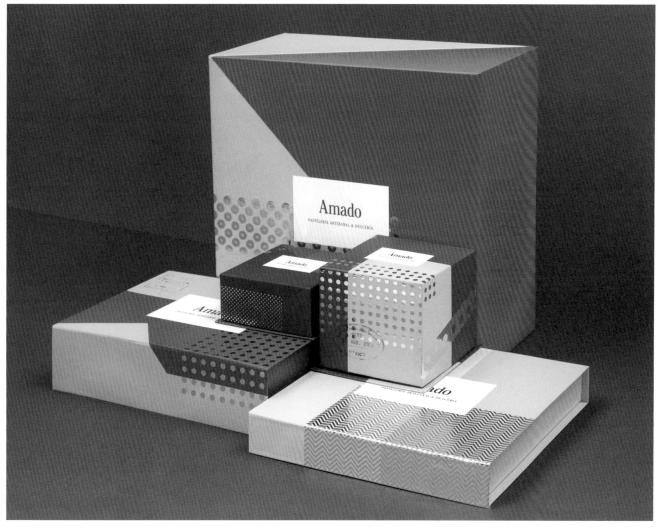

客户
Bake Darling
-
设计公司
Estudio Yeyé
-
材料
卡纸
-
完成时间
2015 年

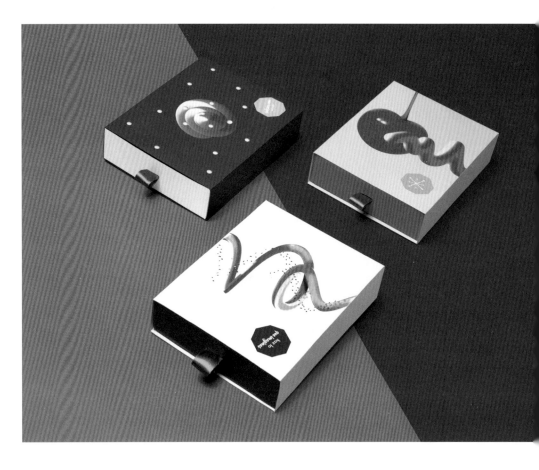

甜品乐园糖果包装

以 Wilton 品牌质量为支撑, Bake Darling 成为了一个充满快乐、绚丽多彩的烘焙品牌, 而且绝对是甜品爱好者的乐园。该包装项目的概念中采用的所有颜色都是从各种糖果的口味中获取的灵感, 以传达顾客享用美妙的糖果所感受的快乐。包装虽看上去很简单, 但都带有以鲜艳颜色绘制的亲切图案。这些图案给人一种盒中食物令人难以抗拒的感觉。密集的圆点、流畅的线条和诱人的图案也增加许多甜美动感的元素, 能够让顾客保持高涨的情绪。加上材料、结构和颜色搭配, 让人们很难以任何形式拒绝它。

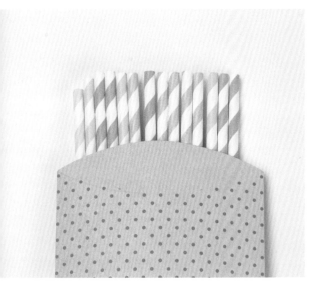

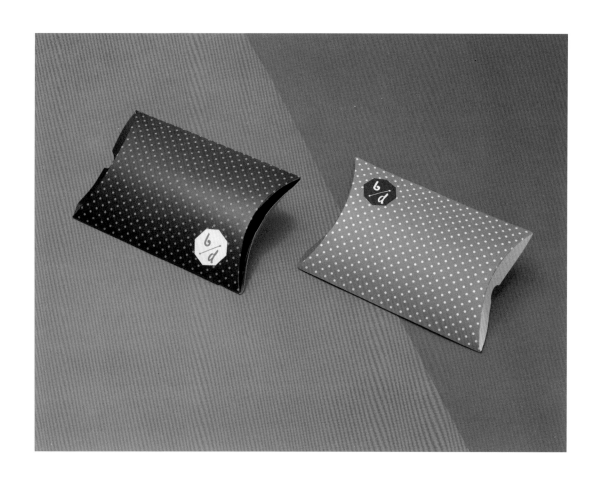

客户
Via Motorino
-
设计师
María de Benito Salazar
-
材料
卡纸、牛皮纸
-
完成时间
2015 年

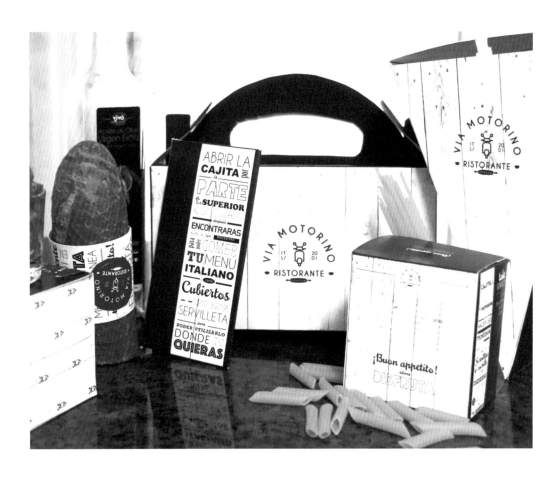

Via Motorino 系列美食包装

Via Motorino 是一家提供传统美食的时尚、现代的意大利餐厅。顾客可在此下单后去户外用餐。有了便利的包装设计后,顾客可在任何地方以最舒适、最优雅的方式用餐。食物制作过程中所用的产品配料相当重要,要让顾客感觉到外卖和在顶级意大利餐厅享用的美食一样,然而这一切都集中体现在外卖设计的质量上。白色像木头材质的背景以及标志性文字在传统和现代之间创造了鲜明的对比,同时又总是相互协调。餐盒盖和标签上都印着餐厅的名称、商标和各种字体,作为移动广告来吸引顾客的眼球。包装的每个细节都受到关注,比如,包装背景看起来像是餐厅的餐桌,而三角形的容器则免除了顾客撕开披萨的麻烦。

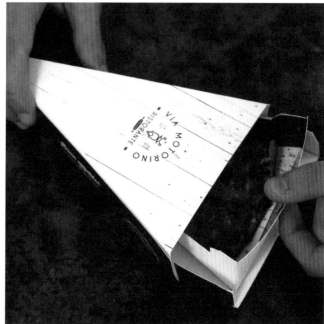

客户
Dolce Bianco
-
设计师
Ekaterina Chernyshova
-
材料
卡纸
-
完成时间
2014 年

蔬菜肉卷、沙拉包装

Dolce Bianco 是位于俄罗斯的一家意大利面包和甜点店。设计师的任务是通过创作和使用公司标识的新元素,为蛋糕、各种蔬菜肉卷和沙拉创造一个统一的包装概念。所有包装设计均采用条形设计。这种条形与商店正面的条纹百叶窗相呼应。放置蛋糕、油酥糕点和甜品的包装盒简洁轻便,可容纳两种食品。各种蔬菜肉卷所用的包装盒可轻松打开,还可再次使用。包装盒上印着不同标识,以说明蔬菜肉卷所用的肉的不同种类。而沙拉盒上带有商标的条形图案上也配有各种配料的图片,以展示不同的沙拉种类。

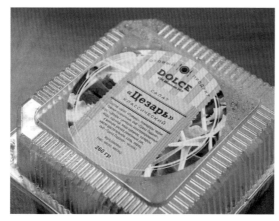

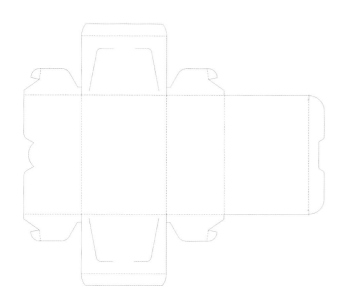

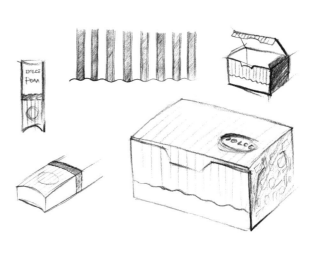

客户
Shinto Sushi House
-
设计公司
Creative Punch
-
材料
亚光非涂布纸
-
完成时间
2015 年

Shinto 寿司屋包装

设计公司受邀为外带寿司的顾客设计一套环保包装。于是，设计师为配送服务设计了一套通用包装，包括纸袋、盒子、筷子、贴纸和其他附属品，以创造一种愉快的客户体验。设计师选择亚光非涂布纸来构成暗色表面，特别定制的寿司盒的内部采用光胶设计，以增加防潮和防油脂的性能。从设计来看，受日本文化启发的不同订制图标分别与特定的品牌附属品搭配。整体包装标识创造出一种真实的日本美食体验，以保持品牌表达的统一性、一致性。

客户
Tagliapietra
-
设计公司
Dry Design
-
设计师
Carolina Cloos、
Francesca Mezzetti
-
材料
卡纸、塑料
-
完成时间
2014 年

即食鱼肉制品包装

这是为即食鱼肉制品创作的包装设计。Pronti d'amare 在意大利语中的意思是"准备去爱"，但听起来像是"新鲜出海"。所以设计师巧妙地诠释了这个文字游戏，以吸引更多的顾客。包装采用天然牛皮纸，因为品牌想要为用健康的配料、以传统的方式烹饪的产品增加一种天然的味道。每种产品的套筒上都印着一个颜色各异的真心印记。为了显示出真心，印记并不是由数码打印的，而且这种极简设计加上 Futura 字体也都意在强调真心印记。

客户
Massana
-
设计师
Sergio Ortiz
-
材料
瓦楞纸
-
完成时间
2013 年

环保寿司盒

环保寿司盒是为一家日本餐厅所做的外卖包装设计。公司希望设计一款精美的包装,以满足顾客在外享用美味料理的需求。这个小小的、环保的、可回收的寿司盒是一个自我组装的包装,由几块瓦楞纸共同组成这个漂亮的盒子,所有构成部分都不用任何胶或粘合剂。包装盒的正面开口使里面的食物看起来非常精美,并极受顾客的喜爱。每份外卖都被设计成两人份,顾客可在餐馆或家里用餐。每份外卖包括两盒开胃菜、两盒头盘和两份甜点。此外,还配有两份餐巾和两双木筷。顾客在用完午餐或晚餐后可留下盒子以备下次使用或者将纸盒扔到回收箱,因为它不含任何塑料。

客户
Mr. Bento
-
设计公司
UM Brand Design
-
设计师
Zheng Zhiqiang
-
材料
卡纸
-
完成时间
2014 年

便当先生外卖盒

Mr. Bento 是中国惠州第一家日本便当品牌。它严格选用上等配料，提供精美的饭菜组合，让顾客可以不受时间和地点的限制而享用到各种美食。Mr. Bento 的外卖餐盒被分成五个部分，可根据客户的订购要求，盛放十多种美味的配料。一条紫色的横线贯穿整个包装盒，上面印着品牌名称和配送过程。设计师更多地着重于细节，以日本传统元素来装饰筷子。整个包装设计成功地创建了一个统一、简洁、时尚的形象，并受到年轻人的欢迎。

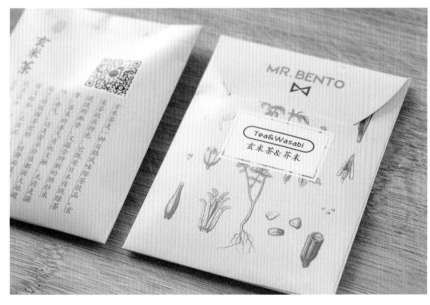

客户
Yumi
-
设计公司
V - Studio
-
设计师
Li Siwei
-
材料
卡纸
-
完成时间
2014 年

Yumi 饭团包装

Yumi 是一个中国健康冷盘品牌，采用传统设计，符合当代人们的品味。该包装设计是为了给客户一种新的就餐体验，并让他们感受到品牌背后的中国文化。该包装设计采用了一种像荷叶一样的模块结构。当顾客打开包装食用饭团时，包装会像莲花一样绽开。该包装实用性强、封闭性好，给人一种手工制作的感觉。此外，该包装设计还反映了传统亚洲风格的颜色组合，同时还给人一种纽约式的感觉（明亮、生动、乐观）。大米以白色为背景，颜色稍有不同，这反映了亚洲风格的敏感性和含蓄性。顾客在打开包装时会感到惊喜，因为每个包装的里面都包含一种与配料相关的颜色。此外，每个包装的内面都印着一首中国诗歌，其内容与包装里的配料紧密相关。整个包装看起来意境深远悠长，让顾客在用餐的同时欣赏到博大精深的中国文化。

客户
Jamie Oliver
-
设计公司
The Plant
-
设计师
Matt Utber
-
材料
卡纸
-
完成时间
2014 年

盖特威克机场快餐包装设计

有 Jamie's Italian 和 Union Jacks 的保驾护航，Jamie Oliver 餐厅在盖特威克机场的开业不仅仅是这两大品牌的简单组合。为了完美地融合这两个品牌，Jamie Oliver 进入了外卖食品的新领域，由此而给该品牌注入了新鲜有趣的真实感觉。基于人们对机场的迷恋和对飞行旅行的愉快经历，设计师发现了一个好机会，设计了全新的标识来使品牌变得不同寻常。包装盖着一个"准备好起飞"的邮戳，以祝愿新餐厅开业大吉。红色的平行跑道、起飞的飞机和深蓝的品牌标识相互碰撞，完美地匹配了机场飞行的主题，成功地表达了对自由的渴望。

客户
Maison Dandoy
-
设计公司
Base studio
-
设计师
Aurore Lechien、
Thomas Léon、
Léa Wolf、
Fumi Congan、
Sander Vermeulen、
Erwin De Muer、
Thierry Brunfaut、
Pierre Daras
-
材料
天然铜版纸
-
完成时间
2012 年

Maison Dandoy 手工面包包装

Maison Dandoy 成立于 1829 年，是一家位于布鲁塞尔的家族手工面包店，店里提供的食物不仅仅是用来填饱肚子的，同时也提供了一种享受食物的过程。设计师受邀再造一个朴素的品牌，然而，为了符合面包店的传统价值以及着眼于未来的经营方案，设计师决定给品牌进行一次彻底的大转变。分散在包装上的金色圆点能够刺激顾客的食欲，成为该包装系列的亮点。圆点看起来像是新鲜出炉的饼干，给顾客带来多种感官快乐，吸引他们去看、去闻，最重要的是去品尝。整个包装设计给人一种大度、高雅、生动的感觉。

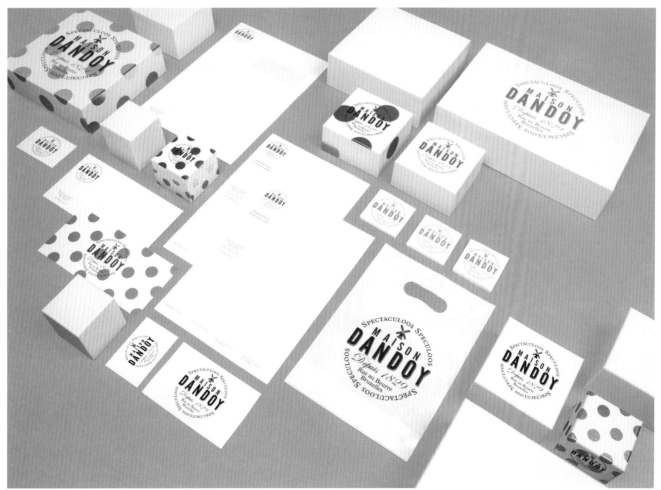

客户
Elite of Taste
-
设计公司
Parc Design
-
设计师
Daulet Alshynbayev
-
材料
卡纸
-
完成时间
2015 年

苹果皇冠甜品包装

城市中出现的首家美食展厅带有一个开放式厨房，以在人们面前公开展示蛋糕、甜甜圈和其他糖果产品的制作过程。这种做法对顾客而言非常贴心，不仅能吸引喜欢享用新鲜出炉的食品的美食爱好者，还能吸引那些等待外卖打包的人们。作为公司标识的苹果皇冠显示了该品牌在当地糖果和蛋糕市场的领导地位。像甜甜圈和纸杯蛋糕上的手绘插画被用来装饰包装，生动的图案完美地与浅粉和浅蓝进行搭配。所有这些元素都象征手工产品的天然、新鲜、美味和优质。

客户
Burger & Love
-
设计师
Kiss Miklos
-
摄影
Balint Jaksa
-
材料
卡纸
-
完成时间
2013 年

Burger & Love 汉堡包装

品牌设计的主要概念来自于汉堡横扫美国各条街道的现象,它还成为了波普艺术最受欢迎的象征之一。正因如此,设计师将波普艺术应用在包装和商标设计中,并使其具象化。整个设计像是能够容纳一切流行事物——标识、插画、图案和风格——的大包装,所有元素都以现代环境为背景。包装上整齐地排列着许多小小的手绘插画,营造出一种现代感和时尚感,却又充满了创意和欢乐。同时,包装上还印制了色彩大胆的红白品牌标签来促进品牌推广。在有机汉堡和波普风格的融合过程中,设计在健康食品和流行文化中形成了鲜明的对比。

客户
Yataro (m) Sdn. Bhd.
-
设计公司
K-Gic Advertising Sdn
Bhd
-
设计师
Peggy Loh、Yiokie Teh
-
材料
再生卡纸
-
完成时间
2013 年

Rusco 圣诞包装

Rusco 的互动性包装概念源于设计师想要让顾客从这个创新的圣诞节包装中得到乐趣。该包装有一个可承受脆饼干的重量的结实手柄,这种设计为顾客外带提供了便利。这种包装可变形成一个圣诞老人托盒,专门为顾客送上脆饼干,方法新颖富有创意,同时也让包装盒成为一种圣诞装饰。为了完善包装,设计师采用再生卡纸和技术先进、环保的大豆油墨进行打印,以创造一种完全环保的市场推广工具。毫无疑问,Rusco 以其创意包装获得了大众的称赞。有了这种互动的两用包装,该品牌很快受到了目标客户的热烈欢迎。

Step 1

Open this packaging.

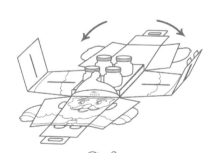

Step 2

Lay it flat on the table.
Remove Rusco jars.

Bucket
Packaging

桶式包装

客户
33/35 Studio
-
设计师
Xevi Castells
-
材料
卡纸
-
完成时间
2014 年

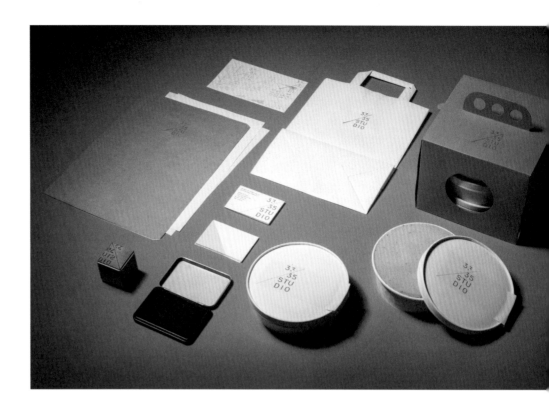

合作款冰激凌包装

33/35 Studio 是西班牙阿利坎特城的一家商店,售卖充满创意的冰激凌和巧克力产品,它与西班牙顶级餐厅合作,厨师在每个季节都会推出可口的新产品。优质的配料和配方要有时尚的包装来诠释。手工制作的商标出现在各种形状的产品包装上。包装传达出糖果科学家在实验室潜心研究的概念——试验、开发并推出新产品。整个包装标识综合采用科学和环保元素,两者具有同等重要性。该包装设计能够防止冰激凌快速融化,而卡纸也能帮助体现包装的生态价值理念,鼓励顾客选择健康天然的生活方式。

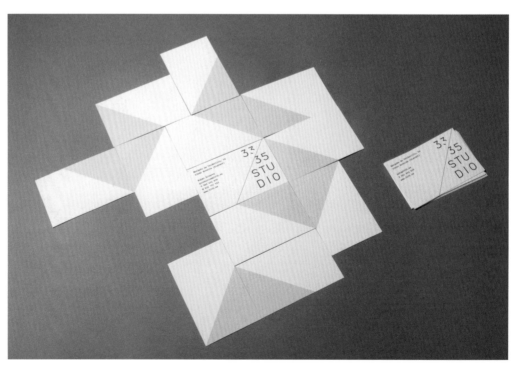

客户
Kofemolka
-
设计师
Dmitry Neal
-
材料
牛皮纸、瓦楞纸、塑料
-
完成时间
2015 年

Kofemolka 咖啡馆外卖包装

Kofemolka 咖啡馆的包装风格以几何图形为基础，结合了明亮的颜色组合，象征着青春和现代性。设计师采用蓝绿色和白色作为主要颜色，以让包装能为目标市场所接受。插画师创造了一个特别人物——一个头顶咖啡的卡通小女孩的形象。女孩露出神秘的笑容，身边围绕着许多纸飞机。这个超现实、温和的卡通形象与咖啡馆的颇具挑衅性的几何图案构成对比以此扩大咖啡馆对大范围受众的影响，包括儿童在内。包装设计不仅打破了受众的限制，还克服了必须在咖啡馆饮用咖啡的不便。

客户
Élysée Boulangerie
Patisserie Café
-
设计公司
iframe communication
design
-
材料
瓦楞纸
-
完成时间
2015 年

Élysée 面包咖啡包装

Élysée 是位于希腊遗址上的一家现代、优雅的精品甜点和咖啡店，一直致力于维持其在烘焙和糖果产品领域的领导地位。这个项目是设计一种有关美味的面包、可口的咖啡、新鲜的口感和快乐的人们的当代餐饮包装。设计公司承接了这项旨在将纯正甜点的优势表现在新时尚包装上的设计任务。设计灵感来自于 Élysée 地面的特别图案，包装图案与整体风格完美匹配。在此构思基础上，设计师创造了各种规格的咖啡杯、面包袋以及其他包装。最终的包装设计成功地保留了希腊传统的文化、美食和价值观。

客户
7-Eleven
-
设计公司
BVD
-
材料
卡纸
-
完成时间
2014 年

7-Eleven 咖啡杯

瑞典 7-Eleven 通过更新咖啡杯的设计，希望客户能够感受到品牌变得逐步现代性和城市化。这种新咖啡体验具有快速方便的特点，给人一种短暂停留的感觉。设计师通过在颜色、材料和细节进行改变使得顾客在快节奏的购物过程和舒适的品尝咖啡的时间之间取得了平衡。7-Eleven 的现有颜色组合中的绿色是品牌的基本颜色，使便利店给人感觉亲切友好。橘色和红色也来自现有的颜色组合。它们是强调色，用以给平静绿色的背景注入生命力和活力。条纹是对每个杯子和袋子进行有趣却大胆处理的着手点。大小不同的杯子和袋子可满足顾客不同的需求。

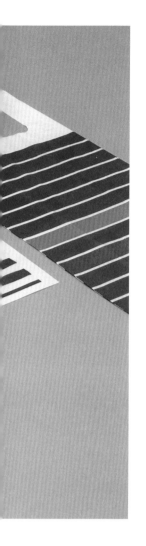

客户
Mojo Asian restaurant
-
设计公司
Michal Suday design
group
-
材料
亚光卡纸
-
完成时间
2014 年

亚洲街头风格食品包装

Mojo 是以色列特拉维夫城一家时髦的亚洲餐厅，它供应多种口味纯正的亚洲街头食品。设计师需要找到一种能够代表餐厅高品质食物和用餐环境的视觉语言。在设计过程中，他们在特拉维夫城的不同亚洲商店找到了一些真正的亚洲报纸，他们快速浏览了这些报纸并将其作为包装设计的图像语言的一部分，形状和构造相应地做了改变。设计基于一种街头食品包装的外观和感观，因此这种真实而扭转的形象复原了一种街头的风格。包装同时也结合了东西方设计元素来创造一种鲜明大胆的日本风格，以代表特拉维夫城人们心中的真正的亚洲食品。包装所用的亚光卡纸适用于外带热食和汤水。

客户
Burger King
-
设计公司
Turner Duckworth
-
材料
卡纸
-
完成时间
2015 年

汉堡王万圣节包装

设计公司应邀为汉堡王举行的 2015 年万圣节宣传活动设计一款包装。汉堡王将在此次活动中会推出一款万圣节皇堡，烧烤味黑色小圆堡。包装要庆祝万圣节的氛围，既要有趣又要能吸引顾客，让顾客购买之后脸上能够充满笑容。因此，设计师从万圣节的扮装中获得灵感，设计了整个系列产品的包装。他们为霸王鸡条设计了系列包装，以万圣节背景来装饰现有的标志性包装：受电刑的鸡，弗兰肯薯条以及镰刀死神，整个包装系列还包括一个食尸鬼似的南瓜杯和骨头汉堡王王冠，万圣节皇堡还被扮装成了木乃伊。

客户
La Campana
-
设计公司
Comité Studio
-
设计师
Francesc Morata、Ibon
Apeztegia
-
材料
涂布纸
-
完成时间
2013 年

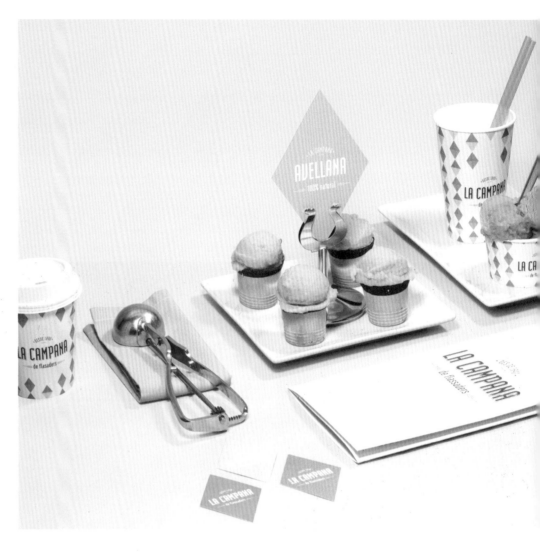

La Campana 冰激凌包装

自 1890 年起，La Campana 已经历经了四代人，拥有制作百分百天然手工牛轧糖和冰激凌的悠久历史，深受顾客喜爱。为了重新设计其位于巴塞罗那的著名商店附近的冰激凌店，冰激凌包装也进行了重新设计，以搭配商店的最新变化。设计的灵感来自现代主义风格，系列包装采用各种颜色鲜艳的钻石，给人一种有活力、有智谋的感觉，暗示源源不断的供应。包装有多种结构形状，不只是圆锥状和桶状，这不仅考虑了冰激凌本身的装置，还考虑到顾客携带的方便性。

客户
Vlad Co
-
设计师
Tanya Losik
-
材料
牛皮纸
-
完成时间
2014 年

面条食品盒

此任务是为一款面条进行外卖包装设计。因为包装盒是用来盛放日式面条的，设计师试图采用更加传统但却容易为俄罗斯市场的目标顾客理解的包装。整体包装基于轻便简洁的风格，所以只采用了两种颜色，并尽可能留出空白空间。受东亚书法的启发，设计师为产品的名称创造了一种字体。此外，以黑色墨水和红色墨渍创作的寓有感情的樱桃树枝产生了一种手写的效果，让人想起以红点构成的日本国旗。包装整体设计为极其美味的食品创造了一种日式风格。

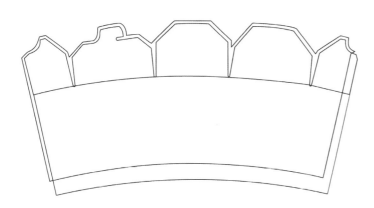

设计公司
Morphoria Design
Collective
-
材料
玻璃纸
-
完成时间
2013 年

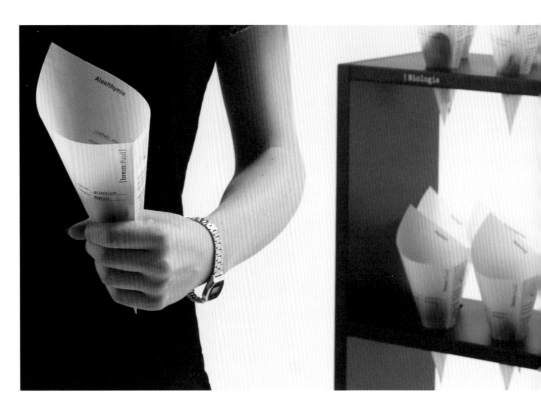

字母饼干包装设计

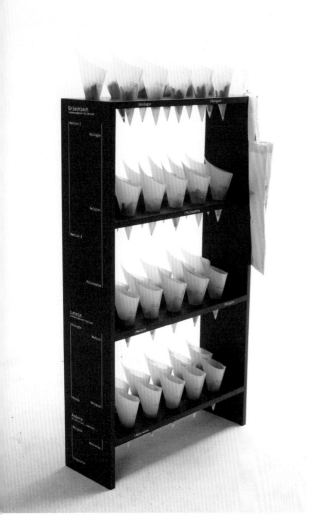

Brainfood 是为解释和体验德国语言的根源的展览而专门设计的，是为展示外国词汇组合而设计的一种概念诠释。它是展会上触手可及的图书，通过字母饼干以有趣的方式向顾客传递这样的信息——吃饼干等于吸收知识。设计师采用玻璃纸，以方便顾客看到里面香甜的饼干。此外，大手提袋是环保袋，因此购物袋可以重复使用。包装上的主要字体是 PF DIN Mono，显得包装整体给人感觉简单干净。

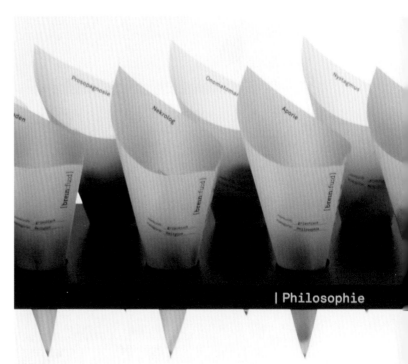

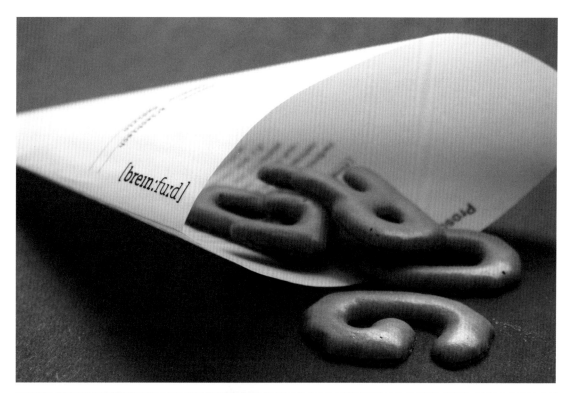

客户
Monarca
-
设计公司
Nômada Design
-
材料
牛皮纸
-
完成时间
2015 年

Monarca 外卖包装

Monarca 是一家为潜在美食家现场制作快餐的熟食店。它将多种不同美食与墨西哥式的、现代的、引人注目的视觉标识结合起来。受 "Otomi" 古典墨西哥刺绣的启发，包装图案在经历了一系列的修改后变成了一种抽象的帝王蝶。该项目的主要目的之一是创造一种大胆、引人注意的包装。每种从该商店带走的产品都应足够特别，同时还兼做推广品牌本身的移动广告。设计师还想要通过平面设计创造一种体验，以允许顾客忙里偷闲，享受自然之美和生活的休闲。

设计公司
IG Design Solutions
-
设计师
Ian Gilley
-
材料
再生压缩纸

根据数字下单的快餐包装

为了设计这种便利食品包装, 有必要进行第一轮筛选为顾客提供更多便利。因此, 设计师将菜单设计成单一的标准——"根据数字下单"。每个数字都是一份搭配好的食物。唯一变化的元素就是饮料杯的大小, 有大杯、中杯和小杯可供选择。设计师还了解了顾客的订单习惯。大多数顾客喜欢先喝一口饮料, 或先吃点炸薯条。有些顾客则会边走边吃, 还有些则喜欢坐上车品尝。这种设计可适用于以上所有场景, 并能根据不同种类的食物和地点做出改变, 在运动场、游乐园或连锁快餐店都是完美的选择。包装使得食物可以打包到办公室、家里, 或带去公园散步时享用。这种百分百的复合材料包装是外带食品的最佳选择。

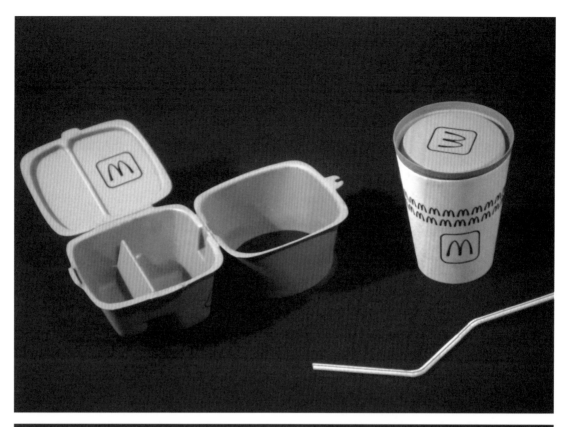

客户
Owen + Alchemy
-
设计师
Jack Muldowney、Sam
Jorden
-
材料
金属式聚丙烯
-
完成时间
2015 年

Owen + Alchemy 果汁包装

Owen + Alchemy 是芝加哥洛根广场街区的一家小型果汁店。该街区是芝加哥一个非常时尚和繁华的地方。品牌商标和包装设计的灵感来自于不同的炼金符号、图案、颜色组合和文字排印。Owen + Alchemy 的创始人希望包装思想以"食物如药"的观点为中心,并展示产品的化学原理。该包装首先采用极简瓶体设计,以 Boston Round 玻璃容器为重心展开设计。以亚光和金属铜的结合进行标签设计。各种口味和配料可从如实的果汁颜色清楚看出。这种大容量环保盒能够安全地携带玻璃容器,且为顾客外带提供了便利。

客户
BOL Foods
-
设计公司
B&B studio
-
设计师
Shaun Bowen、
George Hartley
-
材料
牛皮卡纸
-
完成时间
2015 年

"面条在碗里" 包装

设计公司受委托为一个受街头食品启发的品牌设计新的名称、商标和包装,以吸引顾客享用当地美食。品牌渴望摆脱全球食品分类中自有品牌和民族品牌的"舞台化的真实性",设计公司希望为那些想要每天都吃不同新鲜食物的全球民众创立一个属于自己的商标和包装。碗作为最常见的餐具,品牌名称是对碗的国际性解释,且伴有一句"世界在碗里"的标语。其商标大胆而极具冲击力,以一张带着笑容的嘴和舌头来表示非常美味,用一种复古的纹理代表街头食品包装。食品罐套上一个天然的浅黄色卡片(或用黑色卡片套在超级套餐上),给人一种纯正的感觉,同时搭配蔬菜和形状各异的面条。此外,味道和所用香料用贴纸和印记标示,营造一种真正的国际感觉。设计师由此而设计出一种颠覆性的标识,平衡含蓄的真实性和有趣的现代性,以让该国际品牌给人一种很好地融入到地方的感觉。

设计师
Janire Zamora López、
Alejandra de la Garza、
Cristina Maldonado
-
材料
卡纸
-
完成时间
2014 年

墨西哥式玉米包装

在墨西哥，玉米的烹饪方法多种多样。其中之一便是制作成一种大受欢迎的街头小吃。这种小吃是用煮熟、加香料的玉米做成的，装在标准的一次性包装中出售。该设计旨在以现代的方式进行包装，并售卖给巴塞罗那街头的当地年轻人和游客。这种小吃代表了墨西哥人的口味和墨西哥的文化。该包装的结构设计灵感来自于阿兹特克人的玉米神"Centeotl"的雕像，并突出了玉米叶的形状。此外，包装设计还受到墨西哥的流行图案的启发。包装是用一种漂亮而有趣的方式盛放这种小吃。

客户
La Lola Churreria
-
设计公司
And A Half
-
材料
卡纸
-
完成时间
2015 年

油炸果外卖包装

该油炸果的包装设计非常特别，且极易辨认。设计师利用品牌名称的字母创造了一种从远处可见的图案，并由此而吸引顾客前来商店。圆锥形的包装也是为方便室外用餐专门定制的，包装带有一个特别的槽，以确保手都能空出来用餐。整体看来，油炸果包装在 La Lola Churreria 餐馆中扮演着重要角色，既是一种市场营销工具，也是对愉快享用油炸果的方法的重新推介。同时，设计师还巧妙地利用不同颜色，为一年中的不同季节和节日设计了特别的包装。

Bag
Packaging

袋式包装

客户
Daily Creative Food
Company
-
设计公司
Jastor Brand
-
设计师
Jason Torres
-
材料
牛皮纸、塑料
-
完成时间
2015 年

熟食餐馆的综合包装

作为一个成功运营了近十年的餐馆，Daily Creative Food Company 希望为品牌注入新的活力，想要更新品牌，包括包装设计。该包装设计采用二十世纪三十年代纽约黄金时代的战后风格，试图在现代的迈阿密温武德区重建类似于该时期的熟食餐馆。设计师提出了一种综合包装策略，采用符合二十世纪三十年代印刷标准的纹理和字体排印技术以及真正的报纸作为整套外卖食品包装的核心材料。Daily Creative Food Company 的这种新包装设计使该餐馆成为了一个当地机构，其目的是通过未来战略性扩张来推广它的区域性辨识度。

客户
Allied Brothers Co.

设计公司
Backbone Branding

设计师
Stepan Azaryan、
Kristine Khlushyan、
Lilit Arshakyan

材料
卡纸、亚麻布

完成时间
2015 年

The Shack 海鲜包装

The Shack 是一个小型的木结构钓鱼屋。品牌商标的结构把名称视觉化，其设计让人想到棚屋。根据这种概念，渔民，即餐厅的老板在自己的小餐馆里，用美味的野生海鲜招待顾客。假如渔民有机会，他可能只能利用手边的工具来雕刻出自己经常扑捉到的鱼的模板形状，并为自己的餐馆创作印刷插图。设计师通过扭转设计片段并改变插画的颜色来创作包装元素。他们选用蓝色和红色作为主要颜色，以表示深海和烹饪后的海鲜，优质的黑色标签传达出夜色中的大海。"The Shack" 的每种包装元素中都体现了大海的精神和新鲜烹制的海鲜。

客户
Yukiko Yamada

-
合作者
生产商 Junpei Kiyohara、
设计师 Manae Ohigashi

-
材料
防水纸、牛皮纸

-
完成时间
2015 年

可丽饼和帕斯卡德饼包装

Monsieur CuluCulu 是一家专门售卖可丽饼和帕斯卡德饼（pascades，法国奥弗涅地区的一种当地食品）的商店。考虑到许多日本人可能并不了解帕斯卡德饼，所以需要一种向目标消费者和潜在市场进行推介的方式。因此，设计师创造了一个法语单词 "CuluCuluojisan"。确定这个品牌名称后，整个包装系列便围绕这个词展开。设计师的目的是创造一种情感，让顾客品尝到品牌美食后"次次激动"和"入口便感到快乐"，所以包装主题多彩可爱，并带有个性化的插图和生动的字体排印。设计概念是让顾客感觉自己好像置身于童话故事中。此外，商店离火车站很远，所以不方便顾客参观。这也就是为什么设计师创造这种特别的外卖包装，方便人们将该产品区别于其他产品的原因。

客户
Painpain
-
设计公司
LaPetiteGrosse agency
-
设计师
Jefferson Paganel
-
材料
卡纸
-
完成时间
2015 年

Painpain 面包外卖包装

Painpain 是位于巴黎的一家有趣的面包和甜点店。Painpain 的老板曾是 2012 年最佳法棍制作比赛的获胜者,他希望品牌表现出更具当代性和现代性的新面貌,所以他邀请设计师创造从商标到包装的整体视觉标识。在这种前提下,设计师从面包店的名称 Painpain (Pain 在法语里意为面包) 着手,并设计了一整套大小不同的包装,用于外带面包、羊角面包、巧克力面包和甜点。包装标识以深蓝色和亚光金色为基础,设计带着醒目的字母和密集的小点,这些小圆点既不传统也不单调,因为它们呈现出椭圆的形状,容易让顾客联想到面包。

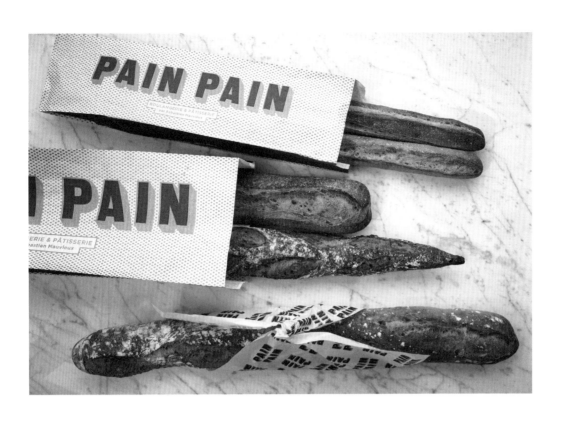

索 引

图书在版编目(CIP)数据

外卖食品包装/(墨)伊薇特·阿扎特·戈麦斯编;贺艳飞译. —桂林:广西师范大学出版社,2016.9
ISBN 978 - 7 - 5495 - 8740 - 7

Ⅰ.①外… Ⅱ.①伊… ②贺… Ⅲ.①食品包装 Ⅳ.①TS206

中国版本图书馆 CIP 数据核字(2016)第 213610 号

出 品 人:刘广汉
责任编辑:肖 莉 王 瑶
版式设计:马韵蕾 张 晴
广西师范大学出版社出版发行

(广西桂林市中华路 22 号　　邮政编码:541001)
(网址:http://www.bbtpress.com)

出版人:张艺兵
全国新华书店经销
销售热线:021 - 31260822 - 882/883
恒美印务(广州)有限公司印刷
(广州市南沙区环市大道南路 334 号　 邮政编码:511458)
开本:889mm×1 194mm　　 1/16
印张:15　　　　　　 字数:38 千字
2016 年 9 月第 1 版　　 2016 年 9 月第 1 次印刷
定价:228.00 元

如发现印装质量问题,影响阅读,请与印刷单位联系调换。